SUR LA FORCE

DE

COMBINAISON DES ATOMES

PARIS. — IMP. SIMON RAÇON ET COMP., RUE D'ERFURTH, 1.

ACTUALITÉS SCIENTIFIQUES

SUR LA FORCE
DE
COMBINAISON DES ATOMES

LEÇON
FAITE A L'INSTITUTION ROYALE DE LONDRES
SOUS LA PRÉSIDENCE DE S. A. R. LE PRINCE DE GALLES

PAR

M. A. W. HOFMANN
Docteur en philosophie, de la Société royale de Londres
Correspondant de l'Institut de France
Professeur ordinaire de chimie à l'Université de Berlin, etc., etc.

TRADUIT DE L'ANGLAIS

AVEC ADDITION D'UN APERÇU RAPIDE DE PHILOSOPHIE CHIMIQUE

PAR M. L'ABBÉ MOIGNO

PARIS
ÉTIENNE GIRAUD, LIBRAIRE-ÉDITEUR
20, RUE SAINT-SULPICE, 20

1866

CHIMIE MOLÉCULAIRE

SUR LA FORCE DE COMBINAISON DES ATOMES

Vous voyez sur cette table un grand nombre de flacons contenant une variété vraiment effrayante de substances chimiques; et les murs de l'amphithéâtre sont couverts de tableaux où sont inscrites un nombre infini de formules que quelques-uns de mes auditeurs regardent sans doute à la fois avec inquiétude et résignation. J'ajouterai encore à votre désappointement en vous disant que chacune des substances placées sur la table représente au moins mille corps actuellement connus, que chacun de ces corps connus représente à son tour un million ou plus de corps encore inconnus, mais existant si bien définis dans l'esprit du chimiste, qu'il les produira toutes les fois qu'il en aura besoin dans un but théorique ou pratique. J'avoue qu'au premier aspect cette armée est quelque peu formidable; mais notre anxiété diminuera quand nous saurons que cette multitude de substances est formée suivant des lois qu'il est en notre pouvoir de découvrir, et qui, par les efforts réunis des chimistes se développent graduellement d'elles-mêmes.

Permettez-moi d'appeler ce soir votre attention sur quelques lois, ou tout au moins sur quelques règles ressemblant à des lois, récemment découvertes et, qui excitent maintenant la préoccupation des premiers chimistes de tous les pays.

Je commencerai par une des expériences les plus simples. Voici deux gaz, l'hydrogène et le chlore : l'un, incolore et inodore, brûle avec une flamme pâle, l'autre, jaune verdâtre, doué d'une odeur suffocante, n'est pas inflammable. Lorsqu'on mêle ensemble des volumes égaux de ces deux gaz, et qu'on approche une flamme du mélange, il y a explosion, il se produit un gaz composé qui fume à l'air, et qui, lorsqu'il est dissous dans l'eau, constitue l'esprit de sel, l'acide muriatique des anciens chimistes, appelé aujourd'hui acide chlorhydrique.

Au moyen de certains procédés que nous n'étudierons pas pour le moment, le composé d'hydrogène et de chlore, appelé acide chlorhydrique, peut s'unir à un autre gaz, l'oxygène ; et la combinaison donne naissance à un acide appelé acide hypochloreux, avec lequel se font dans l'industrie la plupart des opérations de blanchiment. En plongeant ce morceau, convenablement préparé, de calicot teint en rouge des Indes, dans une solution chaude de chlorure de chaux, qui a des rapports intimes avec l'acide hypochloreux, vous voyez un dessin blanc apparaître sur l'étoffe.

De plus, on peut unir une nouvelle quantité d'oxygène à

l'acide hypochloreux, et il se forme un composé appelé acide chloreux. On emploie généralement pour cette préparation un sel bien connu dans le commerce, le chlorate de potasse. Ce sel est aisément décomposé par les acides ; la violence extrême avec laquelle l'acide sulfurique agit sur lui et sa détonation accompagnée de flamme sont des phénomènes observés fréquemment et depuis longtemps dans les laboratoires. En substituant l'acide nitrique à l'acide sulfurique, il se forme un gaz explosif qui, dissous dans l'eau, constitue l'acide chloreux dont il s'agit.

Un troisième composé, l'acide chlorique, peut être formé par l'addition à l'acide chloreux d'une nouvelle dose d'oxygène. Le sel le plus commun de cet acide est le chlorate de potasse dont nous venons de parler. Ce sel, aussi bien que tous les autres dérivés de l'acide chlorique, est très-employé en pyrotechnie. J'ai le plaisir d'appeler ici votre attention sur une espèce de poudre à canon blanche, inventée depuis peu, et qui consiste en un mélange de nitrate de potasse avec de l'acide tannique ou gallique.

Enfin, en augmentant encore la proportion d'oxygène, on produit un quatrième composé, l'acide perchlorique. Cette substance présente aussi les propriétés explosives du groupe de corps en question : lorsqu'on la combine avec l'aniline, par exemple, l'acide perchlorique donne naissance à un composé qui se détruit quand il est chauffé dans une éprouvette, en brûlant, comme vous le voyez, avec une flamme blanche d'un grand éclat.

Un coup d'œil jeté sur le tableau nous montre la régularité avec laquelle la proportion d'oxygène augmente dans cette série des dérivés oxygénés de l'acide chlorhydrique.

Il n'y a rien d'arbitraire dans cette succession; les accroissements se suivent pas à pas.

ACCROISSEMENT D'OXYGÈNE.

Acide chlorhydrique.	HCl
Acide hypochloreux..	$HCl + O = HClO$
Acide chloreux.	$HCl + 2O = HClO^2$
Acide chlorique..	$HCl + 3O = HClO^3$
Acide perchlorique.	$HCl + 4O = HClO^4$.

En considérant le corps le plus simple, au sommet de la liste, nous trouvons qu'il résulte de la combinaison d'un atome d'hydrogène avec un atome de chlore. En unissant ce composé avec un atome d'oxygène, nous obtenons l'acide hypochloreux; en ajoutant un atome d'oxygène, nous produisons l'acide chloreux; l'addition d'un troisième atome donne naissance à l'acide chlorique; et enfin un quatrième atome d'oxygène produit l'acide perchlorique.

La même gradation dans les additions successives d'oxygène peut se remarquer dans un grand nombre d'autres groupes de corps. Pour le moment nous arrêterons notre attention sur deux autres séries seulement.

On connait sous le nom de gaz oléfiant un gaz transparent incolore, brûlant, comme vous le voyez, avec une flamme brillante, et composé de carbone et d'hydrogène. Par des moyens détournés sur lesquels nous ne nous arrêterons pas, ce gaz peut être transformé en un liquide particulier très-volatil, d'une odeur piquante, et que les chimistes appellent aldéhyde. Cette substance, qu'on obtient plus aisément en soumettant l'alcool à l'action d'agens d'oxydation, peut être considérée comme un composé de gaz oléfiant avec l'oxygène. L'aldéhyde est remarquable par son affinité puissante pour l'oxygène ; elle absorbe ce gaz avec une telle avidité, qu'il est presque impossible de le conserver autrement que dans des vases hermétiquement fermés. Elle ne s'unit pas seulement à l'oxygène libre, l'oxygène combiné est également attiré par elle. Quand on la chauffe doucement avec de l'oxyde d'argent, dissous dans un liquide convenable, l'aldéhyde enlève très-rapidement l'oxygène à l'oxyde, et de l'argent métallique à l'état brillant se dépose à la surface des vases où se fait l'opération. Cette réaction, observée pour la première fois par M. le baron de Liebig, il y a plusieurs années, a été modifiée depuis peu au point de pouvoir être appliquée sur une grande échelle à la fabrication des glaces et des miroirs pour instruments d'astronomie. Quand l'aldéhyde est ainsi oxydée, elle est transformée en un composé appelé acide acétique, bien connu de tous comme le constituant principal du vinaigre commun. Enfin l'acide acétique peut s'unir à une proportion nouvelle d'oxygène pour former un composé appelé acide glycolique, découvert il y a peu d'années, et qui jusqu'à présent n'a pas reçu d'applications utiles.

En jetant les yeux sur le tableau suivant, nous apercevons le rapport simple qui existe entre ces quatre corps :

ACCROISSEMENT D'OXYGÈNE.

Gaz oléfiant	C^2H^4
Aldéhyde	$C^2H^4 + O = C^2H^4O$
Acide acétique.	$C^2H^4 + 2O = C^2H^4O^2$
Acide glycolique. . . .	$C^2H^4 + 3O = C^2H^4O^3$

Nous remarquons ici, exactement comme dans la série précédente, l'assimilation graduelle de l'oxygène. Le gaz oléfiant en absorbant un atome d'oxygène produit de l'aldéhyde ; en absorbant un second atome il donne naissance à la formation de l'acide acétique ; enfin, par une troisième annexion de la même quantité d'oxygène, l'acide glycolique est formé.

Permettez-moi de citer un nouvel exemple. Dans l'huile extraite de la semence du *croton tiglium*, les chimistes ont découvert un acide particulier, l'acide crotonique, que l'on a aussi retrouvé dernièrement parmi les dérivés de la moutarde.

Cette substance, composée de carbone, d'hydrogène et d'oxygène, peut être transformée par l'oxydation en un autre acide, l'acide succinique, beau corps cristallisé, que l'on obtient plus habituellement en soumettant l'ambre commun à l'action d'agents d'oxydation.

L'acide succinique combiné avec une nouvelle molécule d'oxygène, donne naissance à la formation de l'acide malique, acide cristallisable qui se trouve en abondance dans le jus de pomme et de rhubarbe ; c'est, en effet, à cette substance qu'est due principalement la réaction acide de ces jus. Que l'on coupe une pomme ou un morceau de rhubarbe, que l'on en presse la surface coupée contre un morceau de papier bleu de tournesol, celui-ci est rougi immédiatement.

Mais l'acide malique peut à son tour être oxydé davantage, et donner pour produit l'un des acides végétaux les plus communs, l'acide tartrique. Cet acide est un des composés que l'on trouve en grande quantité dans le jus de raisin. Quand on presse une grappe de raisin sur du papier bleu de tournesol, celui-ci est rougi partout où il est en contact avec le jus de la grappe.

Les molécules de tous ces acides contiennent le même nombre d'atomes de carbone et aussi le même nombre d'atomes d'hydrogène ; leur différence de composition consiste tout entière dans le nombre d'atomes d'oxygène qu'ils renferment, comme le prouve le tableau suivant.

ACCROISSEMENT D'OXYGÈNE.

Acide crotonique. . . .	$C^4H^6O^2$
Inconnu	$C^4H^6O^2 + O = C^4H^6O^3$
Acide succinique. . . .	$C^4H^6O^2 + 2O = C^4H^6O^4$
Acide malique	$C^4H^6O^2 + 3O = C^4H^6O^5$
Acide tartrique.	$C^4H^6O^2 + 4O = C^4H^6O^6$

Dans ce tableau, un acide inconnu, $C^4H^6O^3$, figure entre les acides crotonique et succinique. Cette substance n'a pas encore été obtenue, mais l'expérience de l'assimilation graduelle de l'oxygène dans d'autres séries nous permet de prévoir l'existence de ce composé ; quoiqu'il n'ait pas encore été préparé, je n'ai pas hésité à l'introduire dans la liste des corps dérivés de l'acide crotonique par simple oxydation.

Les trois exemples que nous avons étudiés nous prouvent évidemment que l'oxygène est capable de se combiner avec d'autres groupes d'éléments de manière à donner naissance à de nouveaux composés ; que cette combinaison a lieu par gradation, atome par atome ; que les propriétés fondamentales du composé primitif demeurent plus ou moins inaltérées dans le nouveau composé plus complexe, et que la quantité d'oxygène ainsi assimilée, pour ainsi dire, ne dépend nullement de la composition plus ou moins complexe du composé primitif. Dans le premier cas, nous avons le plus simple de tous les composés possibles, puisque l'acide chlorhydrique est formé d'un atome d'hydrogène et d'un atome de chlore ; dans le second cas, nous sommes partis d'un composé contenant deux atomes de carbone et quatre d'hydrogène, en tout six atomes ; dans le cas de l'acide crotonique, il n'y a pas moins de quatre atomes de carbone, six d'hydrogène et deux d'oxygène, en tout douze atomes.

Nous pourrions citer une variété infinie d'exemples pour démontrer la généralité des conséquences que nous avons tirées, mais, avec votre permission, je supposerai que j'ai établi ma première thèse.

Nous avons maintenant à examiner si des substances sont capables de se combiner avec l'azote, comme nous venons de les voir s'unir à l'oxygène. Nous savons que l'azote est remarquable par son défaut de tendance à la combinaison ; nous ne serons donc pas surpris d'apprendre que tous les efforts tentés jusqu'ici pour unir directement l'azote à d'autres corps ont complètement échoué. En employant même les moyens indirects et détournés, en appelant à notre aide la multitude de réactions que la chimie moderne a mis en jeu, on ne peut pas unir l'azote à d'autres substances sans introduire en même temps d'autres éléments dans la formation du composé. Essayons de démontrer ce fait par des exemples. Le meilleur que nous puissions citer est peut-être le benzol ou benzine devenue le point de départ de la fabrication de l'aniline, source des belles couleurs si recherchées aujourd'hui. Le benzol est composé de carbone et d'hydrogène. Personne n'a encore réussi à combiner cette substance avec l'azote seul. D'un autre côté, rien de plus aisé que de combiner simultanément le benzol avec l'azote et l'hydrogène. La transition certaine du benzol à l'aniline implique l'assimilation par le benzol d'un atome d'azote et d'un atome d'hydrogène. L'aniline est capable de fixer un second atome d'azote, mais non sans s'assimiler aussi un second atome d'hydrogène. Le composé ainsi produit est un beau corps cristallisé, appelé *phénilène-diamine*, qui recevra probablement quelques applications intéressantes dans la préparation des teintures brunes. A ce composé peuvent encore s'unir de nouveaux atomes d'azote et d'hydrogène pour former une quatrième substance, la *picryl-triamine*, qui n'a pas encore reçu d'applications. Le tableau suivant, dans lequel le composé le plus simple (le benzol) est placé en tête de la liste, fait voir les rapports qui lient entre elles ces diverses substances :

ACCROISSEMENT D'AZOTE.

Benzol.	C^6H^6
Aniline	$C^6H^6 + HN = C^6H^7N$
Phénilène-diamine. . . .	$C^6H^6 + 2HN = C^6H^8N^2$
Picryl-triamine	$C^6H^6 + 3HN = C^6H^9N^3$

Qu'il nous soit permis de citer une autre série encore plus simple, et qui met en évidence le même fait. L'hydrure d'éthyle, comme le benzol, refuse de se combiner avec l'azote, mais il donne aussi entrée dans sa molécule à un atome double d'azote et d'hydrogène, et il se forme une substance bien connue, l'*éthylamine*, qui a la plus grande analogie avec l'ammoniaque. L'éthylamine, par une répétition de la même introduction, est transformée en *éthylène-diamine*, base huileuse d'une grande causticité ; et une troisième addition identique donne naissance à un composé *vinyl-triamine*, dont l'existence n'est pas encore complétement établie. L'analogie entre la première et la seconde série devient évidente par la comparaison des formules :

ACCROISSEMENT D'AZOTE

Hydrure d'éthyle.	C^2H^6
Éthylamine.	$C^2H^6 + HN = C^2H^7N$
Éthylène-diamine.	$C^2H^6 + 2HN = C^2H^8N^2$
Vinyl-triamine.	$C^2H^6 + 3HN = C^2H^9N^3$

Nous nous abstiendrons tout à fait d'examiner les procédés

extrêmement variés par lesquels ces transformations sont accomplies, le seul point que nous ayons intérêt à établir ici étant que l'azote, quand il s'unit à un composé, ne s'unit pas seul, mais en compagnie de l'hydrogène. Sous ce rapport, donc, l'azote diffère essentiellement de l'oxygène, que nous avons vu se combiner avec les corps, atome par atome, sans exiger l'intervention d'aucune autre matière.

Pouvons-nous expliquer cette étrange différence dans la manière dont se comportent l'oxygène et l'azote? Avant d'essayer de répondre à cette question, examinons de quelle manière les atomes du carbone s'introduisent entre les atomes des corps, si comme l'oxygène ils sont capables de s'unir directement, ou si comme l'azote ils ne sont admis qu'à la condition de se présenter accompagnés d'autres atomes. L'examen d'un cas spécial semble très-propre à nous donner l'éclaircissement désiré.

Parmi le nombre infini des composés du carbone, nous ne pouvons en choisir un plus simple que le gaz des marais. Ce gaz transparent, incolore et inflammable, comme chacun sait, s'échappe des fissures des grandes masses de houille, et s'accumule dans les galeries mal ventilées des mines, où il occasionne souvent des explosions si terribles et si déplorables. Il se développe encore souvent dans les vases stagnantes, et en général dans les pays marécageux qui lui ont donné son nom. Le gaz des marais est formé de carbone et d'hydrogène. Cette substance peut-elle se transformer en un composé qui contienne une plus grande quantité de carbone? Par une série de procédés beaucoup trop nombreux et trop compliqués pour que nous puissions les discuter ici, le gaz des marais peut être transformé en *hydrure d'éthyle*, substance dont les propriétés sont très-semblables aux siennes, et que les membres de l'Institution royale ont vu souvent préparer par une méthode plus simple, découverte par le docteur Frankland, c'est-à-dire, par l'action de l'éthyle de zinc sur l'eau. L'hydrure d'éthyle contient un atome de carbone de plus que le gaz des marais ; mais avec cet atome de carbone deux atomes d'hydrogène se sont adjoints simultanément à la molécule du gaz des marais.

En soumettant l'hydrure d'éthyle à une série semblable de transformations, nous le changeons par l'addition d'un autre atome de carbone en *hydrure de propyle*, mais non sans fixer en même temps deux atomes d'hydrogène.

On peut répéter successivement ce même procédé : l'hydrure de propyle est converti à son tour en *hydrure de butyle*, et l'hydrure de butyle en *hydrure d'amyle*, etc. Nous arrivons de cette manière à une série de corps très-semblables dans leurs propriétés, dont chacune diffère du précédent par l'addition d'un atome de carbone invariablement associé à deux atomes d'hydrogène. Beaucoup de membres de cette série se trouvent parmi les produits de la distillation de la houille ; d'autres, surtout les plus riches en carbone, existent dans les huiles minérales ou pétroles d'Amérique, qui sont maintenant si employées pour l'éclairage et d'autres usages.

La composition de ces différents corps peut se voir dans le tableau suivant :

ACCROISSEMENT DE CARBONE.

Hydrocarbures.

Gaz des marais.......	CH^4
Hydrure d'éthyle......	$CH^4 + CH^2 = C^2H^6$
Hydrure de propyle....	$CH^4 + 2CH^2 = C^3H^8$
Hydrure de butyle	$CH^4 + 3CH^2 = C^4H^{10}$
Hydrure d'amyle......	$CH^4 + 4CH^2 = C^5H^{12}$
Hydrure de caproïle	$CH^4 + 5CH^2 = C^6H^{14}$
Hydrure d'œnanthyle ...	$CH^4 + 6CH^2 = C^7H^{16}$
Hydrure de capryle....	$CH^4 + 7CH^2 = C^8H^{18}$

Mais nous pouvons mettre en évidence la loi qui régit les accroissements de carbone en partant d'une autre base. Au lieu de bâtir sur le gaz des marais, nous pouvons faire usage de l'oxyde du gaz des marais, de l'alcool méthylique. Ce composé, par l'addition successive d'un atome de carbone et de deux d'hydrogène, produit une série d'alcools qui peuvent être considérés comme les analogues correspondants du gaz des marais. Le premier composé ainsi obtenu est l'*alcool éthylique*, l'esprit-de-vin ordinaire ; le second, l'*alcool propylique*, engendré dans la fermentation des peaux de raisin, résidu de la fabrication du vin ; le troisième, l'*alcool butylique*, formé par la fermentation des mélasses du sucre de betterave ; le quatrième, l'*alcool amylique*, ou huile de pommes de terre, qu'on obtient comme résidu de la préparation de l'esprit d'amidon de pommes de terre. Les alcools *caprosique*, *œnanthylique* et *caprylique* sont des termes ultérieurs de la série, qui s'élève, non sans de grandes lacunes, jusqu'à des termes contenant dix-huit, vingt-sept, et même trente atomes de carbone, comme on le voit respectivement dans les alcools palmitique, cérotique et mélissique; provenant le premier, de la décomposition du spermaceti, blanc de baleine; les deux derniers, de la cire ordinaire d'abeilles et de la cire de Chine.

ACCROISSEMENT DE CARBONE.

Alcools.

Alcool méthylique. . .	CH^4O	
— éthylique. . . .	$CH^4O + CH^2$	$= C^2H^6O$
— propylique. . .	$CH^4O + 2CH^2$	$= C^3H^8O$
— butylique. . . .	$CH^4O + 3CH^2$	$= C^4H^{10}O$
— amylique. . . .	$CH^4O + 4CH^2$	$= C^5H^{12}O$
— caproïlique. . .	$CH^4O + 5CH^2$	$= C^6H^{14}O$
— œnanthylique. .	$CH^4O + 6CH^2$	$= C^7H^{16}O$
— caprylique.. . .	$CH^4O + 7CH^2$	$= C^8H^{18}O$
. . . .	. . . .	. . . . . .
— palmitique.. . .	$CH^4O + 15CH^2$	$= C^{16}H^{34}O$
. . . .	. . . .	. . . . . .
— cérotique. . . .	$CH^4O + 26CH^2$	$= C^{27}H^{56}O$
. . . .	. . . .	. . . . . .
— mélissique.. . .	$CH^4O + 29CH^2$	$= C^{30}H^{62}O$.

Nous pouvons encore prendre pour point de départ un autre composé. L'*acide formique* est un corps découvert depuis longtemps et qui est sécreté par les fourmis. En ajoutant un atome de carbone et deux d'hydrogène à cet acide, nous retrouvons l'*acide acétique*, que nous avons déjà rencontré ce soir parmi les produits de l'oxydation du gaz oléfiant. L'accumulation successive, dans la molécule de l'acide acétique, des mêmes quantités de carbone et d'hydrogène, fait naître une longue série d'acides, renfermant quelques-uns des composés les plus intéressants que les chimistes aient à traiter ; l'*acide butyrique*, contenu dans le beurre ; l'*acide valérique*, partie active de la racine de valériane ; les *acides caproïque* et *caprylique* extraits de la graisse de bouc ; l'*acide œnanthylique* de l'huile de castor ; l'*acide pélargonique*, le principe odorant du *pelargonium roseum ;* l'*acide rutique*, contenu dans l'huile de palme et dans la spermaceti ; les *acides margarique* et *stéarique*, qui constituent la plus grande partie de la graisse des animaux ; les acides *cérotique* et *mélissique*, enfin, qui se rencontrent dans différentes cires.

ACCROISSEMENT DE CARBONE

Acides.

Acide formique......	CH^2O^2	
— acétique......	$CH^2O^2 +$	$CH^2 = C^2H^4O^2$
— propionique....	$CH^2O^2 +$	$2CH^2 = C^3H^6O^2$
— butyrique.....	$CH^2O^2 +$	$3CH^2 = C^4H^8O^2$
— valérique......	$CH^2O^2 +$	$4CH^2 = C^5H^{10}O^2$
— caproïque.....	$CH^2O^2 +$	$5CH^2 = C^6H^{12}O^2$
— œnanthylique...	$CH^2O^2 +$	$6CH^2 = C^7H^{14}O^2$
— caprylique.....	$CH^2O^2 +$	$7CH^2 = C^8H^{16}O^2$
— pélargonique....	$CH^2O^2 +$	$8CH^2 = C^9H^{18}O^2$
— rutique.......	$CH^2O^2 +$	$9CH^2 = C^{10}H^{20}O^2$

. . . .

—	laurique.	$CH^2O^2 + 11CH^2 = C^{12}H^{24}O^2$
—	cocinique.	$CH^2O^2 + 12CH^2 = C^{13}H^{26}O^2$
—	myristique.	$CH^2O^2 + 13CH^2 = C^{14}H^{28}O^2$
—	bénique.	$CH^2O^2 + 14CH^2 = C^{15}H^{30}O^2$
—	palmitique.	$CH^2O^2 + 15CH^2 = C^{16}H^{32}O^2$
—	margarique. . . .	$CH^2O^2 + 16CH^2 = C^{17}H^{34}O^2$
—	stéarique..	$CH^2O^2 + 17CH^2 = C^{18}H^{36}O^2$
	. . . .	. . . .
—	cérotique..	$CH^2O^2 + 26CH^2 = C^{27}H^{54}O^2$
	. . . .	. . . .
—	mélissique	$CH^2O^2 + 29CH^2 = C^{30}H^{60}O^2$

L'action des acides que nous venons d'examiner sur les groupes d'alcools étudiés précédemment donnent naissance, comme on sait, à la classe de corps appelés éthers. Si nous disposons quelques-uns des corps nombreux appartenant à ce groupe en une série dans laquelle le carbone s'élève atome par atome, nous trouvons, d'accord avec nos précédentes observations, que l'addition d'un atome de carbone entraîne l'introduction simultanée de deux atomes d'hydrogène.

ACCROISSEMENT DE CARBONE.

Éthers composés.

Formiate de méthyle.	$C^2H^4O^2$
Formiate d'éthyle. . .	$C^2H^4O^2 + CH^2 = C^3H^6O^2$
Acétate d'éthyle. . .	$C^2H^4O^2 + 2CH^2 = C^4H^8O^2$
Butyrate de méthyle.	$C^2H^4O^2 + 3CH^2 = C^5H^{10}O^2$
Butyrate d'éthyle. . .	$C^2H^4O^2 + 4CH^2 = C^6H^{12}O^2$
Acétate d'amyle. . .	$C^2H^4O^2 + 5CH^2 = C^7H^{14}O^2$

Toutes ces substances présentent un intérêt plus ou moins général. Les odeurs fortes, et dans quelques cas presque repoussantes que les composés éthérés possèdent, peuvent être domptées par la dilution au point de rendre ces substances utiles, et susceptibles même de recevoir des applications étendues comme succédanées des essences naturelles. Le *formiate de méthyle*, le plus simple de tous les éthers composés, de même que le terme suivant, le *formiate d'éthyle*, est déjà employé à parfumer les variétés inférieures de rhum. L'*acétate d'éthyle*, que chacun connaît sous le nom d'éther acétique, est employé pour *améliorer* certains vins ; les *butyrates de méthyle* et d'*éthyle*, substances dont l'odeur, à l'état pur, est des plus fortes, et rien moins que suave, dissous dans une quantité convenable d'esprit-de-vin, exhalent le parfum le plus délicat de l'ananas; enfin, l'*acétate d'amyle*, le terme final de la série, offre l'arome propre de la poire de jargonelle à un si haut degré qu'on le fabrique maintenant en grande quantité pour parfumer les gelées de poire bien connues de nos confiseurs.

Mais je ne dois pas trop m'étendre sur les propriétés odorantes des éthers composés ; parce que nous ne nous occupons ici de ces substances qu'en tant qu'elles appuient d'une preuve nouvelle nos idées sur la manière dont croît le carbone dans une série de composés carburés.

Encore un exemple, et nous en aurons fini avec cette partie de nos recherches. Lors d'une leçon donnée il y a quelque temps dans cet amphithéâtre, j'ai eu l'honneur de soumettre aux membres de l'Institution royale une courte étude de la *mauve* et du *magenta*, ces remarquables matières colorantes extraites de la houille, et qui sont nées de l'heureuse alliance de l'industrie et de la science de nos jours. Me sera-t-il permis d'appeler encore une fois pour un moment votre attention sur le groupe des ammoniaques tinctoriales? L'aniline rouge, ou rosaniline, comme l'appellent les chimistes, peut être convertie, par certains procédés, en une matière colorante d'un beau *violet*, et même en matière colorante *bleue*.

Cette conversion suppose invariablement une addition de carbone à la molécule de rosaniline. Par sa conversion en certaines variétés de violet, le rouge fixe six atomes de carbone; dans son passage à certaines nuances de bleu, il n'y a pas moins de quinze atomes de carbone assimilés. De quelle manière cette augmentation de carbone entraîne-t-elle l'augmentation d'hydrogène? L'inspection du tableau nous apprend que l'aniline violette contient $12 = 2 \times 6$ atomes d'hydrogène de plus que l'aniline rouge, et que le passage du rouge au bleu est accompagné d'une adjonction qui va jusqu'à $30 = 2 \times 15$ atomes d'hydrogène.

ACCROISSEMENT DE CARBONE.

Matières colorantes.

Aniline rouge. . .	$C^{20}H^{21}N^{3}O$
Aniline violette. .	$C^{20}H^{21}N^{3}O + 6CH^{2} = C^{26}H^{33}N^{3}O$
Aniline bleue. . .	$C^{20}H^{21}N^{3}O + 15CH^{2} = C^{35}H^{51}N^{3}O$

Dans les remarques qui précèdent, je vous ai soumis une série nombreuse d'exemples pris dans les différentes régions du vaste champ de la chimie, et qui semblent indiquer que l'oxygène se combine atome par atome, que l'azote entre dans les composés lesté d'un atome d'hydrogène, qu'enfin le carbone ne peut entrer en association qu'avec un contingent de deux atomes d'hydrogène. En supposant pour un moment que cette règle puisse être établie sans aucune exception dans toute l'étendue de la chimie, sommes-nous en état d'assigner une raison probable à cette manière particulière d'agir des atomes d'oxygène, d'hydrogène et de carbone?

Pour répondre à cette question, nous devons commencer par examiner un instant quelques-uns des composés les plus simples de ces trois éléments.

Voici quatre tubes de verre surmontés d'un gros globe. Le premier de ces globes contient de l'*acide chlorhydrique* composé d'hydrogène et de chlore; le second de la vapeur d'*eau*, composé d'hydrogène et d'oxygène, actuellement condensé en petites gouttes d'eau liquide déposées à la surface intérieure du globe; le troisième, de l'*ammoniaque*, composé d'hydrogène et d'azote, le quatrième, enfin, du *gaz des marais*, l'un des composés du carbone et de l'hydrogène.

Ces quatre composés sont transparents et incolores; nous les caractériserons par les expériences les plus simples. Lorsque nous ouvrons sous le mercure les tubes scellés aux globes, il ne se produit aucun changement dans le globe de l'acide chlorhydrique, de l'ammoniaque et du gaz des marais; tandis que le mercure s'élève immédiatement et remplit le globe qui contient la vapeur d'eau condensée. Si maintenant nous soulevons les trois récipients qui sont restés pleins, de manière à faire plonger les pointes brisées des tubes dans une couche d'eau déposée à la surface du mercure, le liquide s'élance dans les globes qui contiennent de l'acide chlorhydrique et de l'ammoniaque ; et des deux solutions ainsi produites par l'absorption des gaz, celle qui contient l'acide chlorhydrique rougit la teinture bleue de tournesol, tandis que l'autre, formée par l'absorption de l'ammoniaque, ramène au bleu le tournesol rouge. Le gaz des marais diffère des trois autres par son insolubilité et son inflammabilité. En effet, si l'on brise le globe et qu'on approche une bougie allumée, le gaz brûle avec une flamme faiblement lumineuse.

Les différences dans la constitution de ces quatre composés hydrogénés ne sont pas moins caractéristiques, quoiqu'elles ne puissent pas être mises en évidence aussi facilement par l'expérience, du moins dans les limites du temps dont je puis disposer. Mais pour vous faire connaître de cette structure ce qui est nécessaire au but que nous devons atteindre, vous me permettrez de détacher une feuille du livre du *Sorcier du Nord*, et de mettre en jeu un appareil mécanique très-simple, inventé pour les besoins de la cause. Supposons que ces quatre boîtes de fer-blanc représentent chacune deux volumes d'acide chlorhydrique, de vapeur d'eau, d'ammoniaque et de gaz des marais.

S'agit-il de savoir les quantités d'hydrogène contenues dans deux volumes de chacun de ces quatre corps ? Nous trouvons que des deux volumes d'acide chlorhydrique nous pouvons retirer *un* volume d'hydrogène; des deux volumes de vapeur d'eau, *deux* volumes d'hydrogène; des deux volumes d'ammoniaque, par une action mécanique élémentaire, *trois* volumes d'hydrogène ; et enfin, des deux volumes de gaz des marais, *quatre* volumes d'hydrogène.

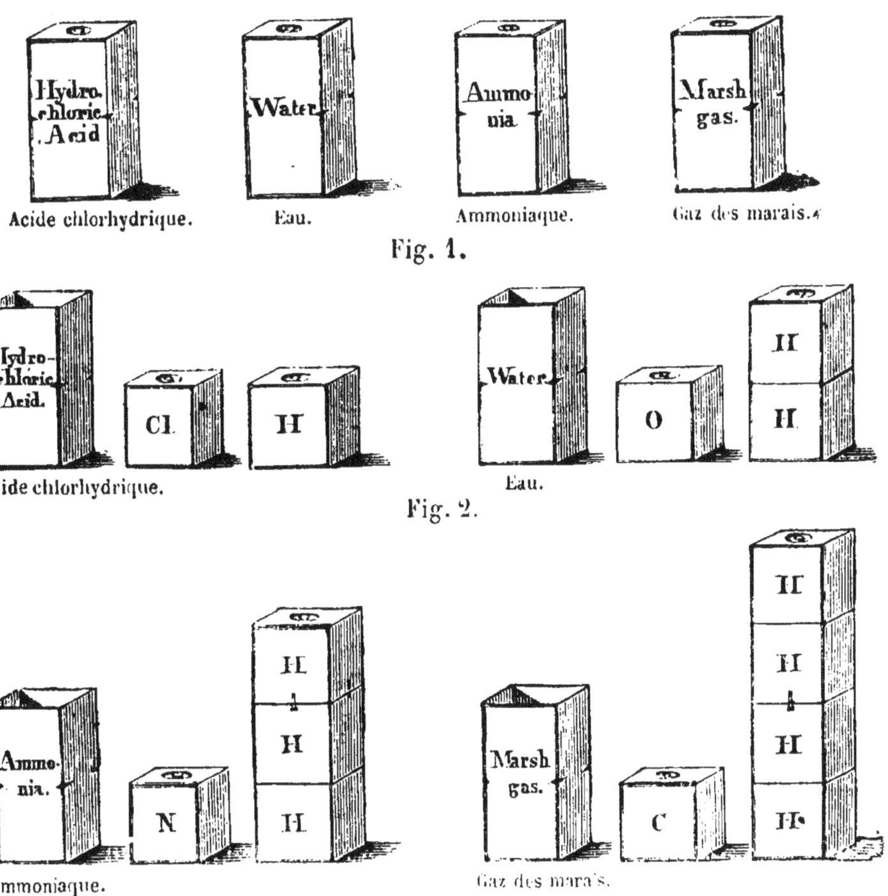

Fig. 1.

Fig. 2.

Fig. 3.

S'agit-il de connaître les quantités des autres éléments qui entrent dans les composés que nous examinons? Nous parvenons à retirer des deux volumes primitifs d'acide chlorhydrique *un* volume de chlore ; des deux volumes de vapeur d'eau, *un* volume d'oxygène ; des deux volumes d'ammoniaque, *un* volume d'azote ; et enfin, des deux volumes de gaz des marais, une quantité de carbone que je me permets de représenter *provisoirement* par *un* volume, quoique, en raison de sa non-volatilité, on n'ait pas encore pu déterminer le volume de la vapeur de carbone.

L'enseignement qui nous est donné mécaniquement par nos quatre boites est représenté dans le tableau suivant, disposé en outre de manière à étendre les idées que nous avons à nous former de la puissance de combinaison des éléments chlore, oxygène, azote et carbone.

La seconde colonne du tableau renferme les composés de ces quatre éléments avec le chlore ; et de même, exactement, que nous les avons vus se combiner respectivement avec 1, 2, 3 et 4 volumes d'hydrogène, nous les trouvons associés maintenant avec 1, 2, 3 et 4 volumes de chlore. Nous voyons en outre dans la troisième colonne la série des composés du sodium avec nos quatre éléments ; et quoique dans ce cas nous devions éviter de parler des volumes de la vapeur du sodium, puisque les chimistes n'ont pas encore obtenu le gaz-sodium à l'état de pureté, le tableau nous montre en tout cas qu'un volume d'oxygène fixe exactement deux fois, et un volume d'azote trois fois la quantité de sodium combinée avec un volume de chlore.

L'étude des gaz simples a conduit les chimistes à reconnaître unanimement que des volumes égaux de ces différents gaz contiennent un même nombre de leurs plus petites particules ou atomes. Des considérations théoriques nombreuses et de nombreuses recherches expérimentales conduisent inévitablement à ce résultat, qui est maintenant une vérité généralement reçue. Si des volumes

H
Cl
Acide chlorhydrique.
Cl
Cl
Chlore.
Na
Cl
Chlorure de sodium.
H
H
O
Eau.
Cl
Cl
O
Acide hypochloreux anhydre.
Na
Na
O
Oxyde de sodium.
H
H
H
O
Ammoniaque.
Cl
Cl
Cl
N
Chlorure d'azote.
Na
Na
Na
N
trisodamide.
H
H
H
H
C
Gaz des marais.
Cl
Cl
Cl
Cl
C
Tetrachlorure de carbone
Na
H
H
H
C
Sodium-méthyl.

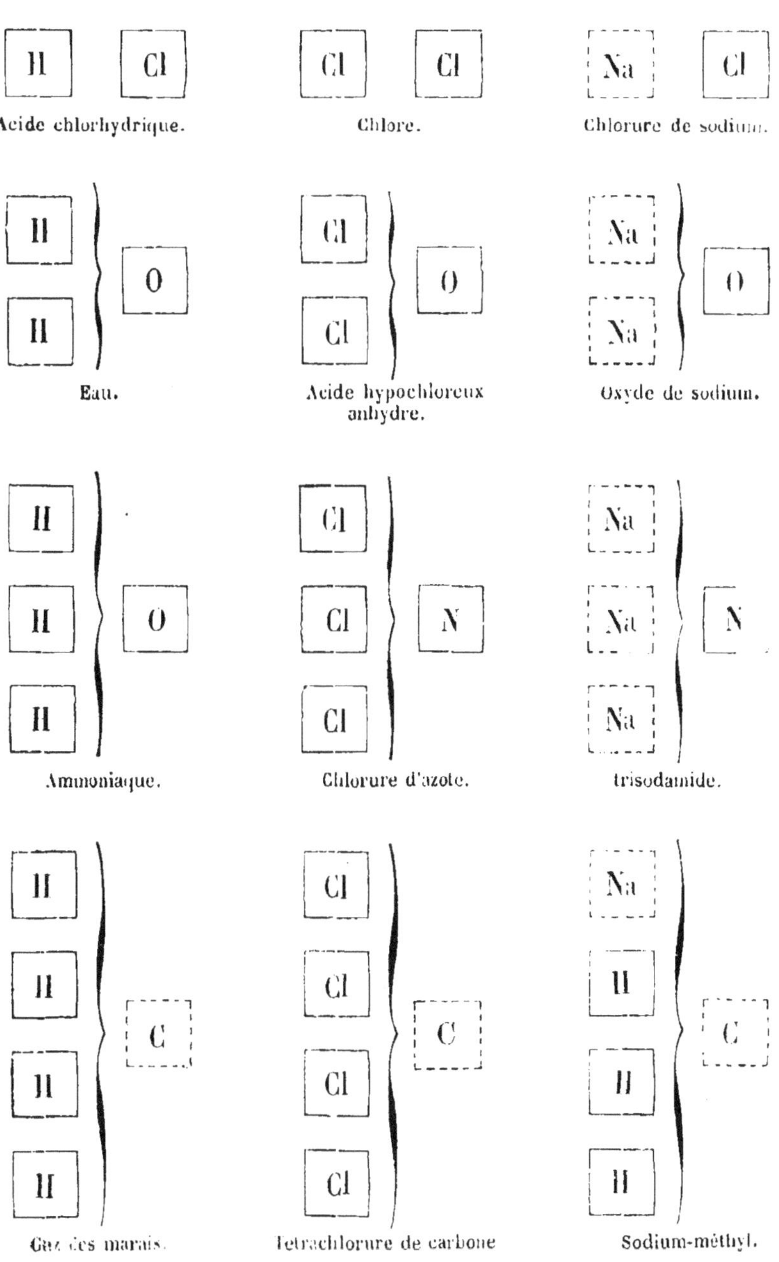

Fig. 4.

égaux de gaz différents sont soumis à la même pression, ils se contractent également, et si on les chauffe également, ils se dilatent de la même quantité.

Voici un appareil disposé de façon à nous permettre d'établir ce fait par l'expérience. Il consiste en une sorte de double tube en U, avec une branche longue unique, et une branche courte qui se bifurque en deux autres branches dont chacune est munie d'un robinet. Ces deux dernières sont en outre renfermées dans un cylindre de verre. Au bas de l'appareil est un autre robinet qui sert à le vider. Les trois branches de l'instrument étant remplies de mercure, nous introduisons dans les divisions munies de robinet les gaz à examiner, dans l'une de l'hydrogène et dans l'autre de l'oxygène, en ayant soin que les volume des deux gaz soient aussi égaux que possible. Les limites de ces volumes étant marquées par des anneaux de caoutchouc, nous versons du mercure dans la longue branche ouverte, et nous constatons que la colonne de mercure ainsi obtenu comprime les deux gaz exactement de la même quantité ; si ensuite, nous faisons écouler du mercure par le robinet inférieur, de manière à diminuer la colonne de mercure et la pression qu'elle exerce ; on voit l'hydrogène et l'oxygène se dilater l'un et l'autre de la même quantité. Nous pourrions mettre encore en évidence l'égalité de dilatation et de contraction des deux gaz, en introduisant tour à tour, dans le cylindre de verre qui enveloppe la branche bifurquée de l'appareil de la vapeur chaude et de l'air froid. Cela posé, si des volumes égaux des gaz simples contiennent un même nombre d'atomes, il est évident que :

L'atome de chlore se combine avec 1 atome d'hydrogène
» d'oxygène. . . . . 2 atomes »
» d'azote . . . . 3 » »

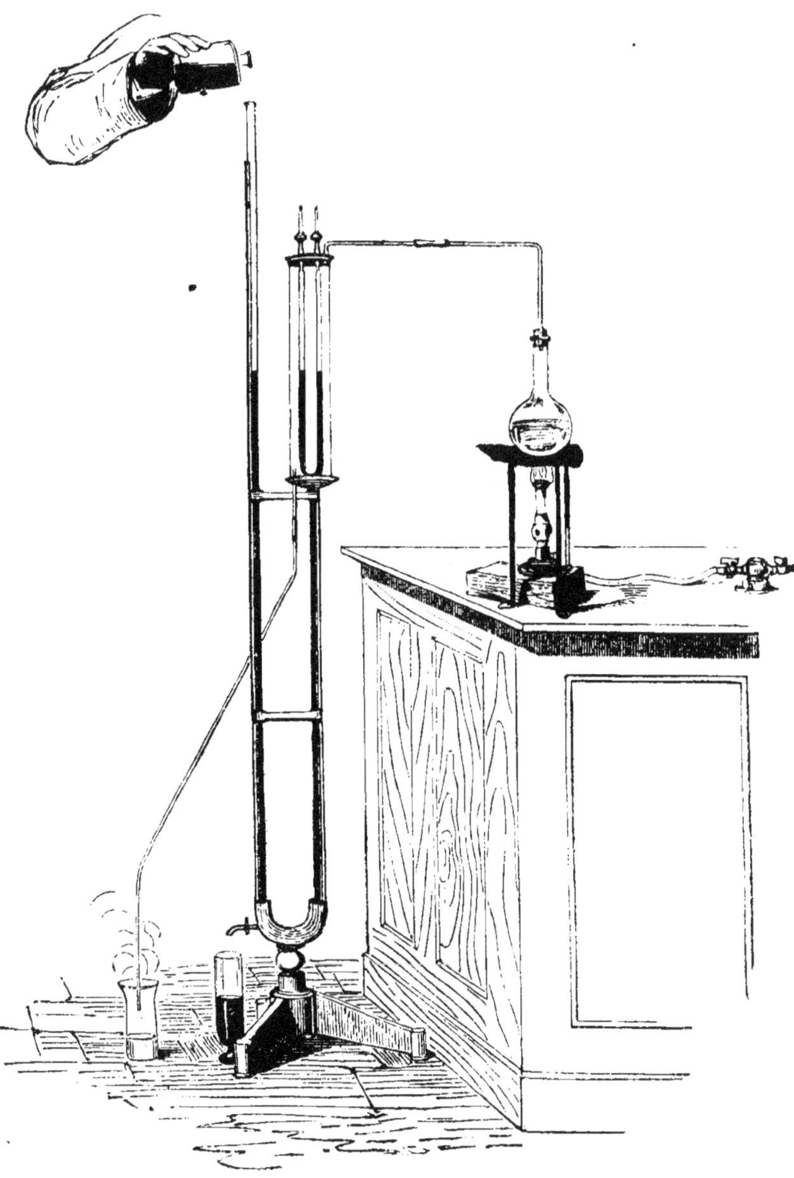

Fig 5.

et puisqu'il y a des raisons de croire que la quantité de carbone qui existe dans deux volumes de gaz des marais (carbone qui, comme je l'ai indiqué, n'a jamais été obtenu à l'état gazeux) représente l'atome de carbone, nous pouvons ajouter que :

L'atome de carbone se combine avec 4 atomes d'hydrogène.

Nous pouvons dire de la même manière que les atomes des quatre éléments en question, dans leur combinaison avec le chlore, sont capables de fixer, 1, 2, 3 ou 4 atomes de chlore.

Ces observations, qui, si le temps le permettait, pourraient être considérablement étendues, nous conduisent à une distinction très-importante entre les atomes élémentaires, basés sur leur *capacité de fixation des atomes*, ou plus brièvement, sur leur *puissance de combinaison*. Si l'on prend pour terme de comparaison la force de combinaison de l'atome de chlore, on sera obligé d'assigner à l'oxygène le double, à l'azote le triple, et au carbone le quadruple de la puissance de combinaison du chlore ; ou bien, envisageant la question sous un autre point de vue, nous dirons qu'un atome d'oxygène fait le travail de deux atomes, un atome d'azote le travail de trois, enfin un atome de carbone, celui de quatre atomes de chlore. Par suite, l'atome de chlore est *univalent*, l'atome d'oxygène *bivalent*, l'atome d'azote *trivalent*, et enfin l'atome de carbone *quadrivalent*. La constatation de ces différentes puissances de combinaison des atomes élémentaires, nous fait faire un pas considérable dans la solution de la question qui s'est présentée d'elle-même vers la première partie de cette conférence, savoir : Pourquoi l'atome d'oxygène est-il fixé directement, l'atome d'azote en compagnie d'un atome d'hydrogène, enfin l'atome de carbone en compagnie de deux atomes d'hydrogène ? Ce mode particulier de combinaison est la conséquence nécessaire de la capacité spéciale de fixer les atomes, que possèdent l'oxygène, l'azote et le carbone ; et je crois pouvoir vous le montrer par un artifice très-simple. Je suis bien tenté de recourir encore pour élucider le sujet, à des considérations mécaniques ; et si vous me le permettez, j'emprunterai mon mode de démonstration au plus délicieux des jeux, *le croquet*, ainsi qu'on l'appelle en Angleterre.

Supposons que les boules du croquet représentent nos atomes, et distinguons les atomes des différents éléments par des couleurs différentes : les atomes d'hydrogène par des boules blanches, les atomes de chlore par des boules vertes, les atomes du brûlant oxygène par des boules rouges, les atomes de l'azote par des boules bleues, les atomes, enfin, du carbone par des boules noires. Mais il faut en outre représenter les différents pouvoirs de combinaison de ces atomes. Nous pouvons le faire en vissant sur ces boules un certain nombre de bras creux ou pleins (tubes ou pointes), qui correspondent aux pouvoirs de combinaison des atomes, et qui, constituant un nouveau caractère distinctif, nous permettent en même temps d'unir les boules et de former ainsi des sortes de constructions mécaniques, pour figurer les édifices atomiques qu'il s'agit de représenter. Ainsi les atomes d'hydrogène et de chlore, qui sont *univalents*, ont chacun *un* bras, représentant *une* unité de combinaison ou d'attraction ; l'atome d'oxygène,

atome *bivalent*, en a *deux*, qui représentent *deux* unités d'attraction ; les atomes d'azote et de carbone, respectivement *trivalents* et *quadrivalents*, sont munis de *trois* et de *quatre* bras, indiquant les *trois* et les *quatre* unités de combinaison qui distinguent respectivement ces atomes.

Fig. 6.

Avec les matériaux de construction ainsi préparés, faisons un essai préliminaire, construisons les quatre composés hydrogénés que nous avons déjà examinés.

Nous donnerons pour fondement ou base à nos constructions quatre supports convenablement disposés, et sur chacun desquels nous installons une sphère d'hydrogène, comme première pierre de l'édifice.

Sur l'un de ces atomes d'hydrogène nous dressons un atome de chlore, en introduisant le bras solide de l'hydrogène dans le bras tubulaire du chlore ; nous construisons ainsi une molécule d'acide chlorhydrique.

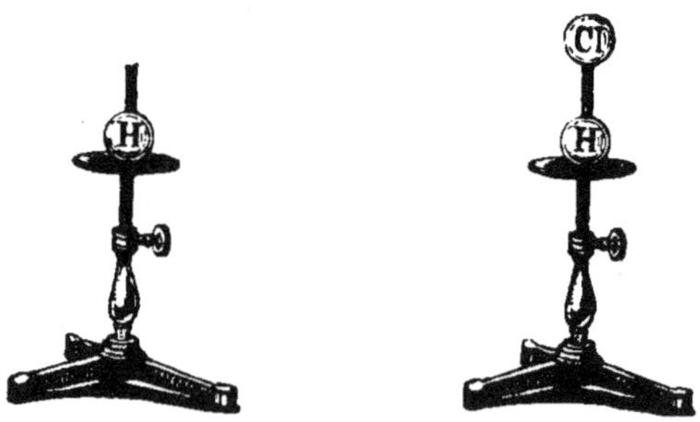

Formation de l'acide chlorhydrique.

Fig. 7.

Nous combinerons de la même manière le second atome

d'hydrogène avec un atome d'oxygène (*fig.* 8), mais sans qu'il se produise de molécule complète. L'une des unités d'attraction de l'oxygène n'est pas encore saturée, comme

Formation de l'eau.

Fig. 8.

l'indique le bras qui reste à couvrir. Ce n'est qu'en fixant sur ce bras un second atome d'hydrogène que nous saturons à son tour cette seconde unité d'attraction. La molécule complète d'eau est alors un édifice terminé.

Nous ajoutons ensuite un atome d'azote à l'atome d'hydrogène sur notre troisième support (*fig.* 9); les deux bras

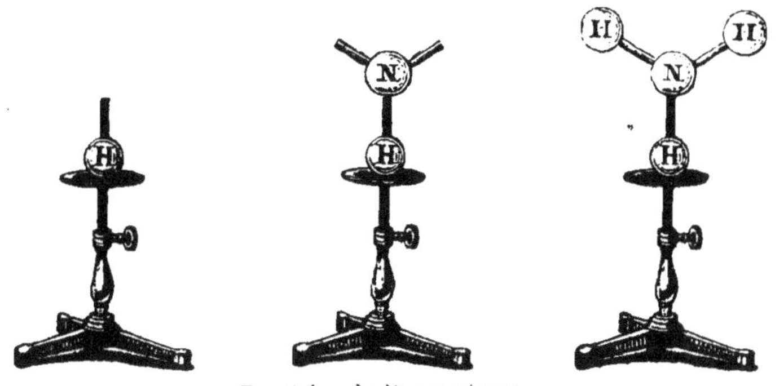

Formation de l'ammoniaque.

Fig. 9.

dressés de l'azote qui restent indiquent suffisamment qu'il y a encore deux unités d'attraction à saturer, et nous avons en conséquence à nous pourvoir de deux atomes d'un élément univalent. Si cet élément univalent est de l'hydrogène, la construction terminée est une molécule d'ammoniaque.

Enfin, nous voyons de même que quand un atome de carbone à quatre bras est fixé sur l'atome d'hydrogène (*fig.* 10), trois des unités de combinaison restent non saturées, et que la construction d'une molécule complète de gaz des marais ne peut être terminée que par l'adjonction de trois atomes d'hydrogène.

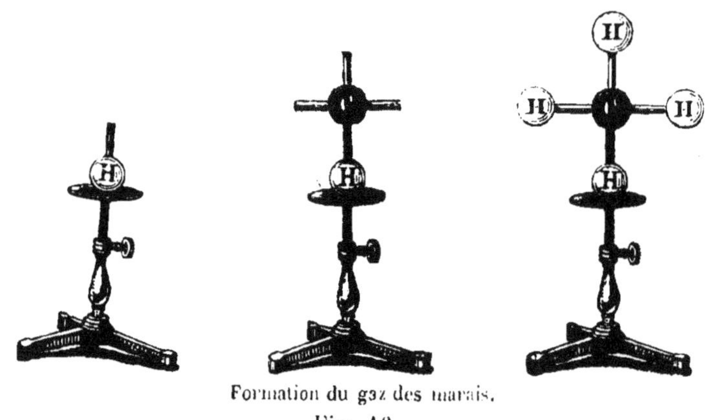

Formation du gaz des marais.
Fig. 10.

Arrivés ici, nous sommes en mesure de résoudre convenablement la question soulevée par les premières considérations de cette soirée. La facilité avec laquelle les matériaux de construction que nous nous sommes donnés peuvent être mis en œuvre, nous permet d'édifier même quelques-unes des substances les plus complexes que nous ayons rencontrées sur notre chemin.

Essayons d'abord la construction des composés oxygénés de l'acide chlorhydrique. En ouvrant la molécule d'*acide chlorhydrique* (*fig.* 11), nous rendons libres deux unités d'attraction, appartenant l'une à l'atome d'hydrogène, l'autre à l'atome de chlore, rigoureusement égales dans leur ensemble à l'attraction double de l'atome bivalent d'oxygène. Après l'insertion d'un atome d'oxygène, nous constatons que la molécule est de nouveau fermée ou complète, qu'il ne reste plus de bras découverts, d'attraction non contre-balancée. Cette nouvelle molécule, que nous appelons *acide hypochloreux*, nous l'ouvrons encore ; deux unités d'attraction redeviennent libres, et sont saturées de nouveau par un second atome d'oxygène bivalent. La molécule d'acide hypochloreux est ainsi transformée en molécule

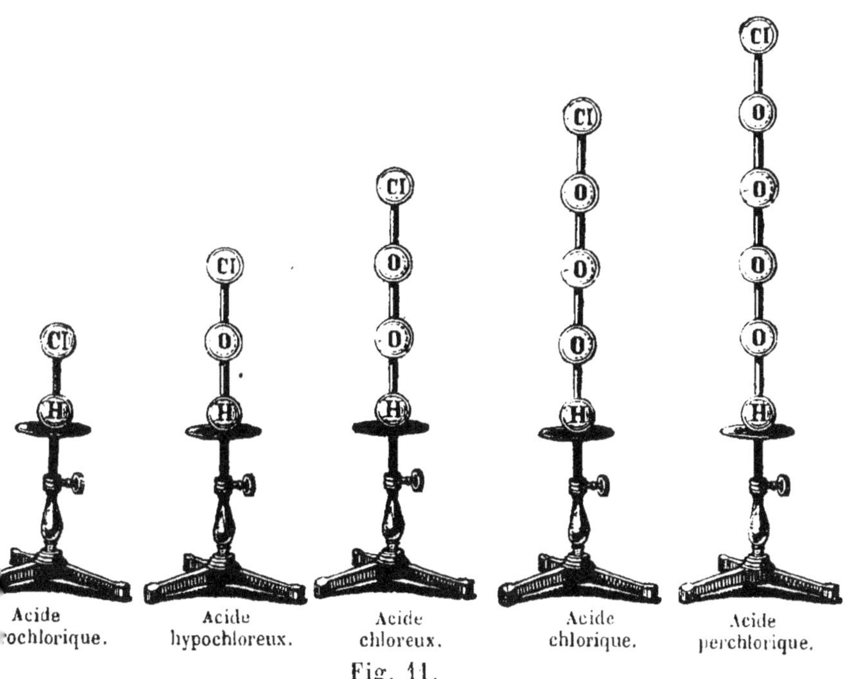

Acide ochlorique. — Acide hypochloreux. — Acide chloreux. — Acide chlorique. — Acide perchlorique.

Fig. 11.

d'*acide chloreux*. L'insertion d'un ou deux atomes d'oxygène de plus, dans des circonstances exactement semblables, donnerait naissance respectivement à la formation des molécules d'*acide chlorique* et d'*acide perchlorique*.

En prenant exclusivement l'oxygène pour matériel de construction, nous arrivons ainsi à convertir successivement la molécule double à deux étages d'acide chlorhydrique en une molécule à trois, à quatre, à cinq, et même à six étages, en molécule sextuple d'acide perchlorique; et il n'y a pas de raison pour qu'un expérimentateur heureux ne réussisse pas avec le secours d'échafaudages additionnels, plus ou moins compliqués, à dresser des constructions plus élevées encore.

La raison pour laquelle, en entrant dans un composé, l'oxygène s'associe à lui atome par atome, est maintenant évidente. Chaque fois qu'on ouvre une molécule terminée ou complète, deux unités d'attraction deviennent libres; ces attractions peuvent être équilibrées par un atome d'oxygène et aussi par une chaîne de deux, trois, quatre, ou plus généralement d'un nombre quelconque d'atomes d'oxygène. Des deux, quatre, six, huit, etc., unités d'attraction que possèdent un, deux, trois, quatre, etc., atomes d'oxygène, deux, quatre et six unités sont dépensés à constituer ces atomes à l'état de chaîne; de sorte que deux unités seulement, aux deux extrémités de la chaîne, restent à notre disposition, et peuvent être employées à former de nouveau la molécule brisée.

L'enseignement qui nous est fourni par la considération des composés azotés n'est pas moins satisfaisant. Nous avons dans l'hydrure d'éthyle une molécule qui contient deux atomes de carbone et six atomes d'hydrogène. Pour y introduire un atome d'azote nous brisons cette molécule.

Un coup d'œil sur la figure 12 nous montre sur-le-champ

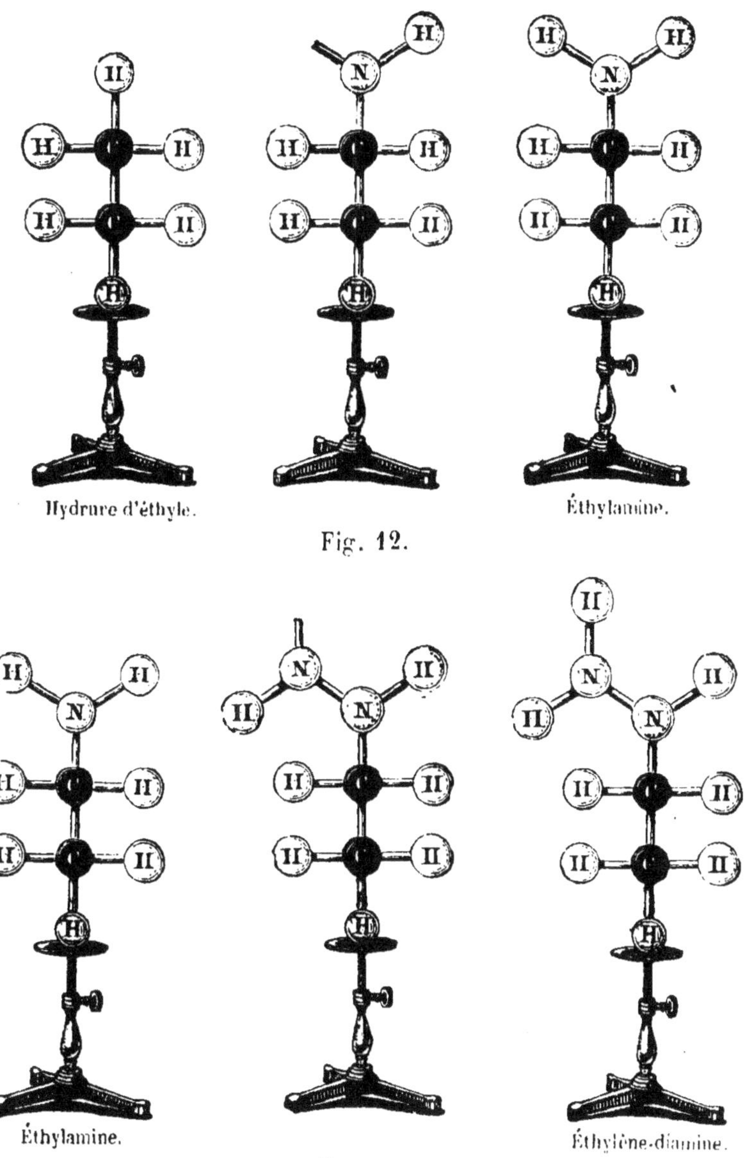

Hydrure d'éthyle. Éthylamine.

Fig. 12.

Éthylamine. Éthylène-diamine.

Fig. 13.

qu'en insérant entre les fragments un atome d'azote seulement, nous n'arrivons pas à produire un édifice complet : des trois unités d'attraction introduites par l'atome d'azote, deux seulement sont saturées ; mais il en reste une qui ne l'est pas, car un des bras de l'azote n'est pas recouvert. Ce n'est que par l'addition d'un autre atome d'hydrogène que la molécule complète d'éthylamine est formée. Nous ouvrons encore cette molécule, nous y introduisons un second atome d'azote, et nous constatons (*fig.* 13) qu'il reste encore une unité d'attraction non satisfaite dans l atome ajouté, ou qu'il faut un atome additionnel d'hydrogène pour transformer l'éthylamine en *éthylène-diamine*. Il en sera de même, quand le moment sera venu de convertir l'éthylène-diamine en *vinyl-diamine* (*fig.* 14).

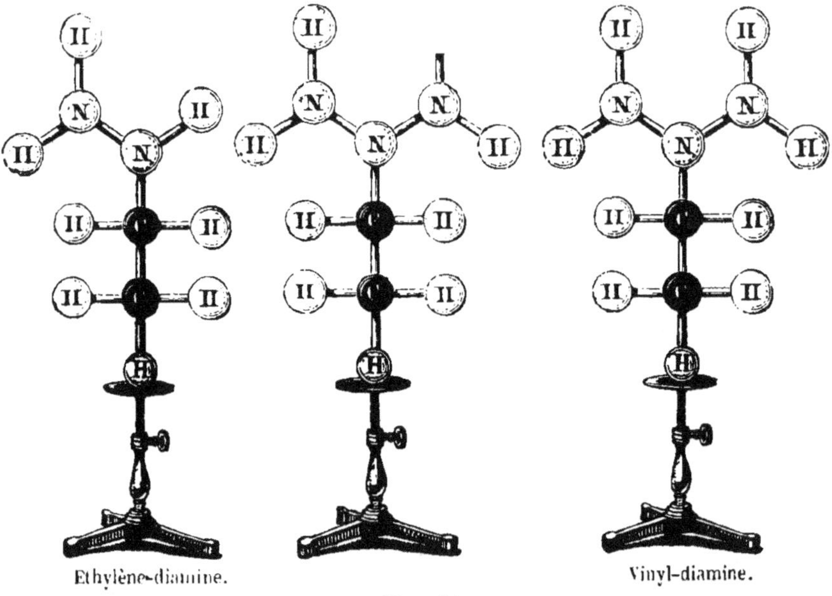

Fig. 14.

On voit maintenant pourquoi l'atome d'azote ne se combine pas directement comme l'atome d'oxygène, mais entraine toujours avec lui un atome d'hydrogène. Aussi souvent qu'on rompt une molécule complète pour introduire un nouvel atome, il y a toujours deux unités de combinaison mises en liberté. C'est, comme nous l'avons vu, le nombre d'unités qu'un atome ou une chaine d'atomes d'oxygène sont aptes à saturer. Mais quand on veut saturer ces deux unités d'attraction par un atome d'azote, l'une des unités d'attraction de l'azote reste libre ; et si on demande la saturation à une chaine d'atomes d'azote, le nombre des unités d'attraction restées libres devient égal au nombre d'atomes qui composent la chaine d'azote.

L'expérience acquise dans l'étude des composés oxygénés et azotés nous a suffisamment préparés à l'examen des accroissements du carbone. La simple application de la méthode suivie jusqu'ici à l'une des séries des composés carbonés que nous avons déjà passés en revue, nous fera comprendre immédiatement pourquoi le carbone est assimilé, non pas atome à atome, comme l'oxygène, non pas associé à *un* atome d'hydrogène comme l'azote, mais associé à *deux* atomes d'hydrogène.

Nous avons vu, en effet, d'une part, que l'atome de carbone sature *quatre* unités de combinaison, tandis que l'atome d'azote n'en sature que trois. Nous voyons maintenant d'autre part, que la rupture d'une molécule détermine la mise en liberté de deux unités d'attraction. Et de même que la saturation de ces deux unités par l'azote trivalent laisse $3-2=1$ unité d'attraction non satisfaite ; de même, la saturation par l'atome de carbone quadrivalent laisserait à saturer $4-2=2$ unités d'attraction restées non saturées.

On comprend dès lors sans peine, pourquoi l'atome de carbone, quand il est fixé dans les composés, est toujours associé à deux atomes d'hydrogène, pourquoi un si grand nombre de composés carbonés diffèrent entre eux de CH^2 ou d'un multiple de CH^2. La relation de composition de la nombreuse série des composés carbonés désignée par le terme *homologie*, devient ainsi parfaitement intelligible.

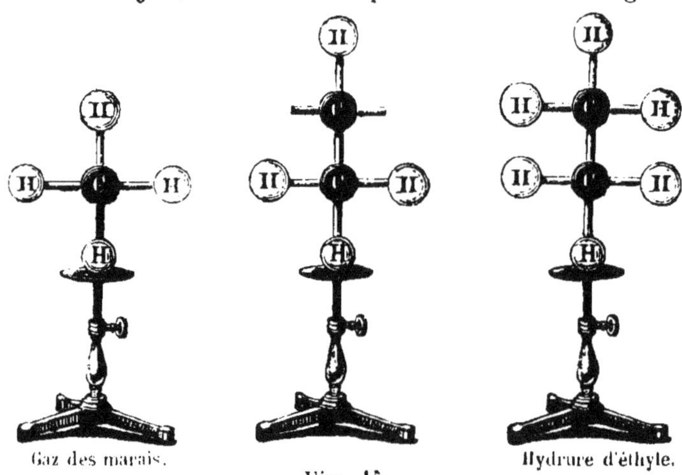

Gaz des marais. Hydrure d'éthyle.

Fig. 15.

Pour mettre en évidence, à l'aide de nos modèles mécaniques, cette manière d'agir de l'atome de carbone, il convient de choisir pour fondement de notre édifice, la molécule de *gaz des marais*, le plus simple des composés de carbone et d'hydrogène. Si nous ouvrons cette molécule pour introduire un second atome de carbone, les deux unités d'attraction devenues libres dans la rupture de la molécule sont saturées par deux des unités d'attraction de l'atome quadrivalent de carbone ; mais il reste deux unités d'attraction qui ne sont pas satisfaites. En effet, sur les deux bras du carbone demeurés à découvert, nous pouvons implanter aussitôt deux atomes d'hydrogène.

C'est ainsi que s'accomplit la transformation du gaz des marais en *hydrure d'éthyle* (*fig.* 15).

Ouvrons la nouvelle molécule pour introduire un autre atome de carbone ; ce troisième atome fait son entrée exactement dans les mêmes conditions, apportant en lui, si je puis m'exprimer ainsi, la place pour deux atomes additionnels d'hydrogène. L'hydrure d'éthyle devient de cette manière *hydrure de propyle* (*fig.* 16).

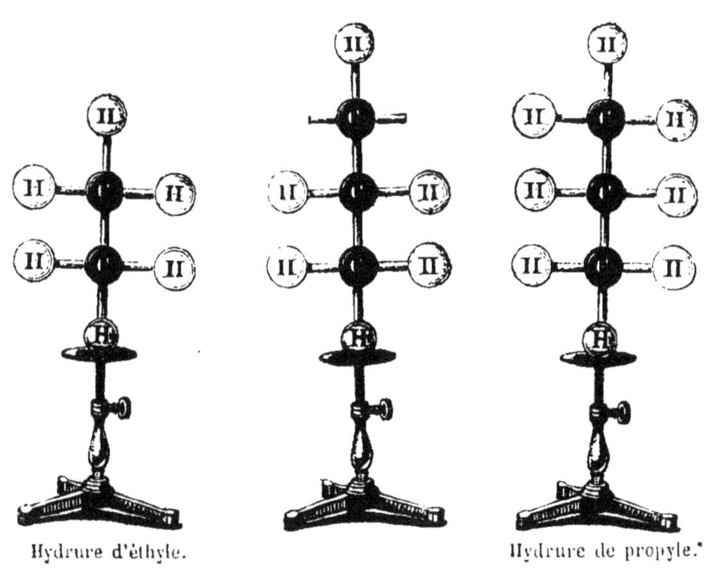

Hydrure d'éthyle. Hydrure de propyle.

Fig. 16.

L'hydrure de propyle, par l'adjonction d'un quatrième atome de carbone, est converti en hydrure de butyle (*fig.* 17).

Il est à peine besoin de poursuivre davantage ces manifestations, et si j'élève encore quelques-uns de ces édifices mécanico-chimiques, c'est que j'ai besoin de vous montrer que nos matériaux de construction se prêtent à plusieurs autres usages.

Jusqu'ici nous nous sommes contentés d'examiner sous

quelles conditions les atomes d'oxygène, d'azote et de carbone entrent dans les structures moléculaires. Et nous avons actuellement à nous poser cette question : dans quels termes est-il permis au chlore de se combiner ?

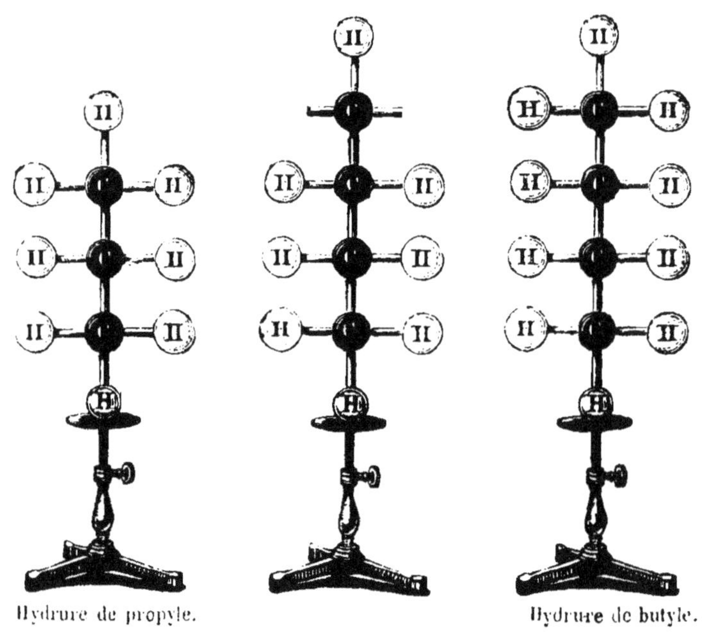

Hydrure de propyle. Hydrure de butyle.

Fig. 17.

Le modèle de la molécule du gaz des marais est encore dressé devant nous (*fig.* 18). Ouvrons-la pour la réception d'un atome de chlore. Deux unités d'attraction sont alors devenues libres, et l'atome de chlore est univalent. Il faudra donc deux atomes de chlore, dont l'un se combine avec l'atome d'hydrogène que nous enlevons au gaz des marais, en le convertissant en acide chlorhydrique qui se dégage, tandis que l'autre atome de chlore s'unit au reste de la molécule du gaz des marais.

La nouvelle molécule, *gaz des marais monochloruré*, peut

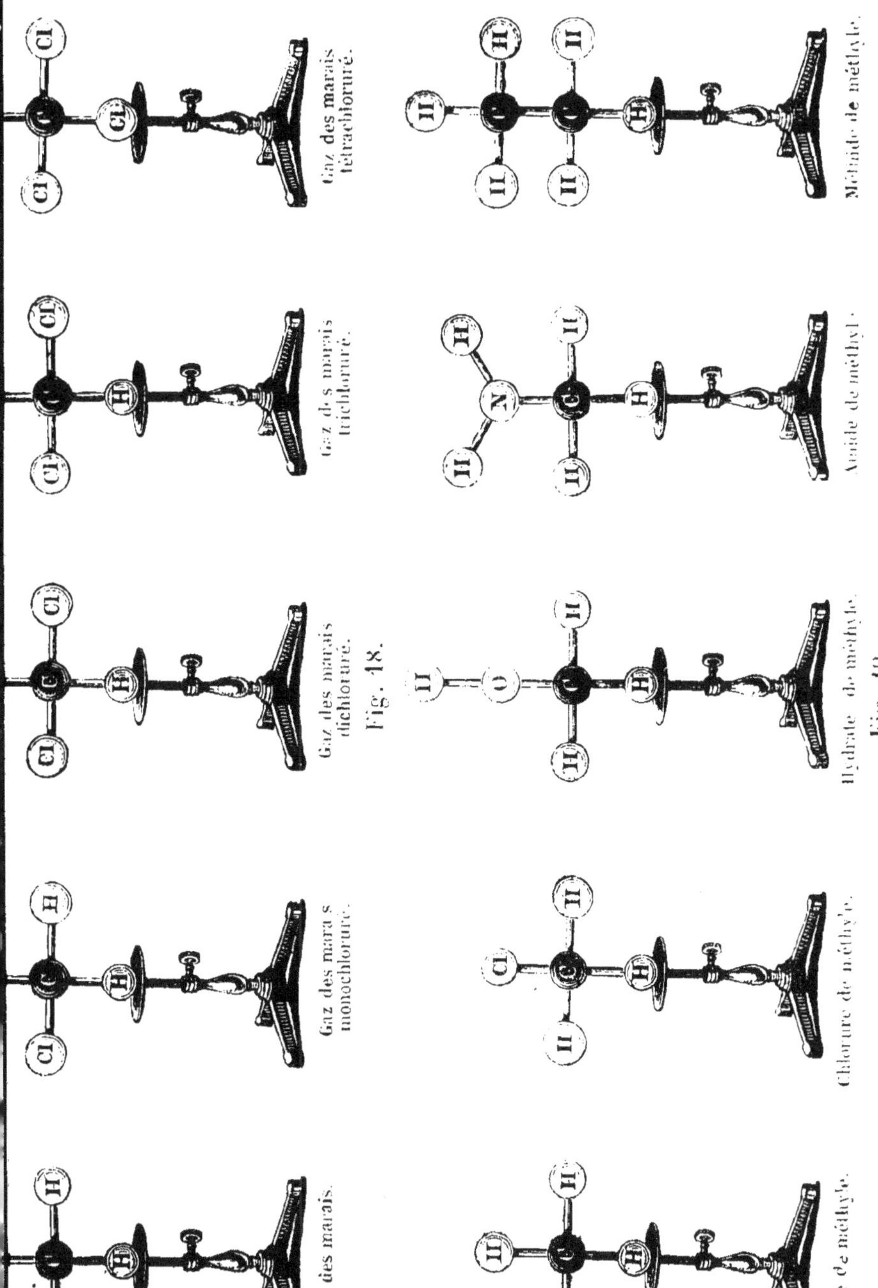

Gaz des marais. — Gaz des marais monochloruré. — Gaz des marais dichloruré. — Gaz des marais trichloruré. — Gaz des marais tétrachloruré.

Fig. 18.

Hydrure de méthyle. — Chlorure de méthyle. — Hydrate de méthyle. — Amide de méthyle. — Méthide de méthyle.

Fig. 19.

être considérée comme un gaz des marais dans lequel un atome de chlore tient la place occupée auparavant par l'atome d'hydrogène. Nous sommes ainsi amenés à reconnaître de nouvelles conditions de combinaison, conditions qui n'ont pas encore attiré notre attention ce soir, mais qui nous mettent en possession de l'un des principes les plus importants de la chimie moderne, le principe des *substitutions*. Le gaz des marais monochloruré est un gaz liquéfiable; soumis de nouveau à l'action du chlore, il perd un second, un troisième, et enfin un quatrième atome d'hydrogène, toujours sous la forme d'acide chlorhydrique, en donnant naissance au *gaz des marais bichloruré*, *trichloruré* ou *chloroforme*, et enfin *tétrachloruré* ou *tétrachlorure de carbone*, c'est-à-dire, gaz des marais dans lequel quatre atomes d'hydrogène sont remplacés par le même nombre d'atomes de chlore.

Nos connaissances relativement aux forces de combinaison des atomes se trouvent ainsi naturellement étendues : Après avoir appris qu'en entrant dans une construction moléculaire, l'atome de carbone s'associe à *deux* atomes, et l'atome d'azote à *un* atome d'hydrogène, que l'atome d'oxygène se combine directement, nous trouvons actuellement que l'atome de chlore se combine seulement par substitution, c'est-à-dire, lorsqu'une place est devenue vacante au sein de la molécule par l'expulsion d'un atome d'hydrogène.

On désigne fréquemment du nom de *méthyl* ce qui reste de la molécule du gaz des marais après l'introduction d'un atome de chlore, ce qui se trouve formé d'un atome de carbone combiné avec trois atomes d'hydrogène. L'agrégat d'atomes CH^3, radical méthyle, peut être retrouvé dans tous les composés dérivés du gaz des marais par l'insertion d'autres atomes. Ainsi, par l'assimilation d'un atome d'oxygène (*fig.* 19), le gaz des marais devient alcool méthylique, c'est-à-dire de l'eau dans laquelle un atome d'hydrogène est remplacé par du méthyle : par l'absorption simultanée de l'azote et de son tributaire l'hydrogène, il devient méthylamine, c'est-à-dire de l'ammoniaque dans laquelle un atome d'hydrogène est remplacé par du méthyle ; enfin, par l'incorporation d'un atome de carbone, avec ses deux atomes d'hydrogène inséparables, la molécule de gaz des marais est convertie en gaz des marais méthylé, c'est-à-dire en gaz des marais dans lequel un atome d'hydrogène est remplacée par du méthyle.

Il fut un temps où tous les efforts des chimistes tendaient à isoler le groupe atomique CH^3 du radical méthyle, de l'un ou l'autre des corps méthyliques que nous venons d'énumérer. La facilité avec laquelle on peut remplacer l'atome de chlore dans le chlorure de méthyle par d'autres atomes, en laissant parfaitement intact l'agrégat de carbone et d'hydrogène que nous appelons méthyle ; la mobilité de l'un des atomes d'hydrogène dans l'alcool méthylique, et de deux des atomes d'hydrogène dans l'ammoniaque méthylique ; la possibilité de remplacer l'oxygène et l'azote eux-mêmes dans ces composés, sans affecter le méthyle; la stabilité enfin du gaz des marais méthylique, qui contient tout son carbone et tout son hydrogène sous la forme de méthyle; toutes ces circonstances semblaient indiquer la probabilité de l'existence séparée du méthyle. Pourquoi toutes les tentatives faites pour séparer le groupe

CH^3 sont-elles restées sans succès? pourquoi le méthyle n'a-t-il pas pu être saisi? pourquoi, en dernier lieu, alors que les expériences magistrales de M. le docteur Frankland semblaient avoir enlevé au réfractaire toutes les chances de s'échapper, le méthyle désespéré s'est-il combiné avec lui-même et s'est-il rendu à l'état de gaz des marais méthylique ou de méthide-méthyle? pourquoi semble-t-il, enfin, que ce soit un caractère essentiel du méthyle de n'avoir pas d'existence séparée? On répond facilement à toutes ces questions avec les boules de notre croquet, qui nous montrent le méthyle comme une molécule inachevée capable de se transformer en molécules achevées, en hydrure, chlorure, hydrate, amide et méthide de méthyle, mais incapable d'exister à l'état de fragment moléculaire avec des attractions imparfaitement équilibrées.

En jetant un regard d'adieu sur les résultats que nous avons mis en évidence ce soir, nous sommes pleinement en droit de nous demander si l'expérience acquise dans un champ comparativement limité est pleinement et indubitablement confirmée par les séries d'observations recueillies sur un champ plus vaste. Nous ne pouvons pas sans hésitation répondre par l'affirmative à cette question délicate. Il ne serait pas difficile de citer un certain nombre de substances dont la constitution semble régie par des règles de combinaisons différentes de celles que nous avons cherché à établir. Nous n'aurions même pas besoin, pour rencontrer des cas saillants d'exception, de sortir du champ circonscrit où nous nous sommes mus jusqu'ici.

Parmi les différents composés de carbone et d'hydrogène qui ont passé par nos mains ce soir, vous vous rappelez les deux plus simples, le *gaz des marais* et le *gaz oléfiant*. Dans la molécule CH^4 du gaz des marais, l'atome de carbone est complétement saturé par l'hydrogène ; l'introduction d'un second atome de carbone avec ses deux atomes obligés d'hydrogène transforme la molécule de gaz des marais ou d'hydrure de méthyle, en molécule d'hydrure d'éthyle C^2H^6.

La formule du gaz oléfiant, C^2H^4, place sa molécule à mi-chemin entre les molécules du gaz des marais et de l'hydrure d'éthyle. En comparant le gaz oléfiant avec le gaz des marais, nous trouvons que le premier contient un atome de carbone de plus que le second, le nombre d'atomes d'hydrogène étant le même dans les deux substances. Donc, contrairement à la règle à laquelle nous nous sommes confiés jusqu'ici, nous trouvons que l'atome de carbone, en transformant la molécule de gaz des marais en molécule de gaz oléfiant, a fait son entrée *sans* introduire avec lui les deux atomes d'hydrogène, que nous nous sommes habitués à considérer comme les compagnons inséparables du carbone dans des occasions semblables. Mais tout en admettant franchement que le gaz oléfiant fait une première exception à une règle qui n'avait pas encore été violée, nous sommes en droit de rechercher s'il n'est pas possible d'expliquer cette structure anormale de la molécule du gaz oléfiant. Recourons encore aux modèles qui nous ont aidés, dans une certaine mesure, à établir la règle ; peut-être pourront-ils nous aider aussi à rendre compte de l'exception.

En tentant d'édifier la molécule du gaz oléfiant par l'insertion dans la molécule du gaz des marais d'un atome de carbone seulement, nous obtenons ce que jusqu'ici nous aurions appelé une molécule inachevée, c'est-à-dire, une molécule dans laquelle deux unités d'attraction du second atome de carbone ne sont pas satisfaites. En effet, un coup d'œil jeté sur le modèle (*fig*. 20) nous fait voir que deux bras de carbone se présentent découverts. Nous sommes ainsi amenés à chercher si des molécules inachevées, c'est-à-dire, des molécules dans lesquelles un certain nombre d'unités d'attraction ne sont pas équilibrées, peuvent avoir une existence séparée. Cette question peut être résolue par l'expérience. En effet, le gaz oléfiant possède tous les caractères que, en supposant admise la possibilité de son existence, nous sommes portés à attribuer à une molécule inachevée. Dans les cas que nous avons considérés jusqu'ici, nous avons vu l'atome de chlore, lorsqu'il est admis dans un édifice moléculaire, y faire toujours son entrée *par substitution* à l'hydrogène qui se sépare de la molécule chlorurée sous forme d'acide chlorhydrique. Nous avons réussi de cette manière à transformer le gaz des marais successivement en gaz des marais monochloruré, bi, tri et enfin tétrachloruré ou tétrachlorure de carbone. Au contraire, quand nous soumettons le gaz oléfiant à l'action du chlore, nous trouvons que le chlore est fixé *directement, sans substitution*, comme si les atomes de chlore rencontrant, pour ainsi dire, des espaces vides dans la molécule de gaz oléfiant, en y entrant, n'avaient pas à chasser, pour se faire de la place, un nombre correspondant d'atomes d'hydrogène. Le composé engendré est ce qu'on a appelé *liqueur des Hollandais*, substance huileuse obtenue pour la première fois par une société de chimistes hollandais vers la fin du siècle dernier. C'est la production de ce liquide huileux qui a fait naître le nom de gaz *oléfiant*. Le nombre d'atomes de chlore ainsi admis directement sans substitution est *deux*, correspondant exactement au nombre d'unités d'attraction qui n'étaient pas saturées. On constate que toute introduction subséquente de nouveaux atomes de chlore

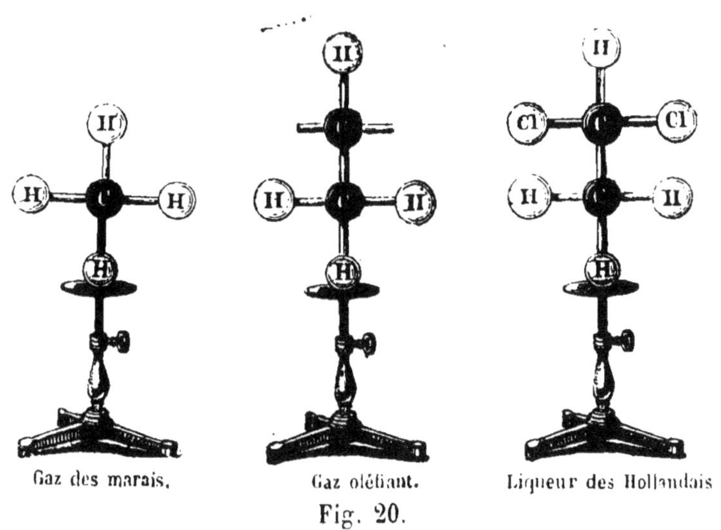

Gaz des marais. Gaz oléfiant. Liqueur des Hollandais

Fig. 20.

se fait par substitution, et par substitution seulement. On observe un phénomène semblable quand le gaz oléfiant est mis en présence du brome. Voici un grand vase qui contient un peu de brome et d'eau; il communique, par un tube flexible, avec un récipient rempli de gaz oléfiant. En l'agitant, nous voyons le gaz oléfiant se précipiter dans le vase comme dans le *vide*. Le gaz oléfiant fixe deux atomes de brome et se convertit en un liquide transparent incolore, appelé *bibromure de gaz oléfiant*. Ici encore la combinaison a lieu sans substitution.

La manière dont se comporte le gaz oléfiant, sous l'influence du chlore et du brome, explique la nature de sa molécule. La facilité avec laquelle ce gaz fixe deux atomes de chlore pour devenir liqueur des Hollandais, deux atomes de brome pour devenir bibromure de gaz oléfiant, et par des procédés détournés deux atomes d'hydrogène pour devenir hydrure d'éthyle, c'est-à-dire pour se transformer tour à tour en trois molécules non achevées, donne évidemment au gaz oléfiant le caractère d'une molécule arrêtée dans sa croissance, et dans laquelle le pouvoir de recommencer à croître pour atteindre la limite de son développement final peuvent être mises en évidence par les expériences les plus simples. La constitution anormale en apparence de la molécule de gaz oléfiant s'explique ainsi de la manière la plus satisfaisante. En effet, loin de troubler l'harmonie des règles de combinaison révélées par nos recherches, l'étude plus approfondie de la nature de ce composé, en éclairant tout ce qui pouvait paraître exceptionnel dans sa structure, nous conduit au contraire à une interprétation plus élevée de ces règles, à la connaissance intime de ces composés, dont la structure dessine les traits les plus remarquables de leur caractère chimique.

J'ai choisi le gaz oléfiant comme exemple d'une classe. Nous nous rappelons que cette substance est le premier terme d'une longue liste de corps homologues, dans lesquels nous trouvons toujours une structure semblable avec des propriétés chimiques semblables. Toutes ces substances, et nous pouvons ajouter un grand nombre d'autres, doivent être considérées comme arrêtées sous l'influence de certaines circonstances, dans une certaine phase de leur développement, mais capables, sous des conditions favorables, de prendre de nouveaux accroissements, jusqu'à ce que par l'équilibre parfait des attractions chimiques intérieures, elles arrivent enfin à maturité.

Nous avons été ainsi conduits pas à pas à une distinction d'un nouveau genre, celle de molécules *achevées* et *inachevées;* ou, pour nous servir de l'expression le plus souvent employée, de composés *saturés* et *non saturés.* Ai-je besoin de vous apprendre que cette distinction nous amène à l'entrée d'un nouveau champ de recherches, exploré jusqu'ici par une petite armée de pionniers intrépides, de tous côtés assaillis par des difficultés sans nombre? En admettant, comme nous sommes forcés de le faire, l'existence de ce que nous avons appelé des molécules inachevées, nous demandons sous quelles conditions spéciales, à quelle phase de son développement, la croissance d'une molécule peut être arrêtée? comment il se fait que la molécule du gaz des marais ne soit encore connue qu'à l'état complet, CH^4, que l'on n'ait pas obtenu un seul des gaz des marais fragmentaires, CH^3, CH^2 et CH, dont l'existence est possible? comment il se fait en outre que la molécule d'hydrure d'éthyle existe, pour ainsi dire, achevée et inachevée? comment il se fait enfin que des divers états fragmentaires sous lesquels cette molécule peut se rencontrer, deux seulement, C^2H^4 (gaz oléfiant), et C^2H^2 (acétylène), ont été observés jusqu'ici? Nous nous trouvons ainsi face à face avec quelques-uns des problèmes les plus profondément intéressants de la mécanique chimique, à la solution desquels les chimistes consacrent en ce moment tous leurs efforts. Mais je ne dois m'arrêter ici, ni à l'intérêt qu'excite ce nouvel ordre de recherches, ni aux expériences nombreuses que l'idée de composés saturés et non saturés a déjà suggérées, ni enfin à l'influence que cette idée devra vraisemblablement exercer sur la direction des études chimiques dans quelque temps d'ici.

Il ne m'est pas permis non plus de suivre ces spéculations dans une autre voie : je me vois forcé de renoncer au plaisir que j'aurais à vous exposer quelques-unes des considérations ingénieuses mises en avant par M. le professeur Kékulé, à qui nous devons en très-grande partie le développement de cette branche de la chimie, pour expliquer jusqu'aux composés *saturés*, dont la constitution est anormale. Quelque séduisante que puisse paraître une étude plus étendue de ce sujet, elle m'entraînerait inévitablement au delà des limites légitimes d'une leçon de vendredi soir à l'Institution royale.

En effet, le temps qui m'était accordé et, je le crains, votre patience sont à bout, je ne dois donc ajouter que quelques mots. L'attention que vous avez prêtée avec tant de bienveillance à mes remarques ne sera pas, j'en ai la confiance, entièrement sans fruit, si j'ai réussi à vous convaincre que la chimie moderne n'est pas, comme elle l'a paru si longtemps, une accumulation sans cesse croissante de faits isolés, aussi impossible à coordonner dans une seule intelligence qu'à fixer dans une seule mémoire.

Les formules compliquées, suspendues à ces murailles, et la variété infinie des phénomènes qu'elles représentent, ont commencé par être pour nous un labyrinthe inextricable, mais dont à la fin nous avons trouvé le fil. Un sentiment de supériorité et de force succède dans notre esprit à cette sorte de lassitude et de désespoir qu'avait fait naître en nous la première contemplation de leurs formidables phalanges. Car voici qu'à l'aide de quelques principes généraux, nous nous trouvons en état de bien saisir le sens de ces formules si compliquées, de ranger les composés qu'elles représentent en séries coordonnées; d'en augmenter même le nombre à volonté, et, dans une grande mesure, d'en prévoir la nature avant de les avoir appelés à l'existence. C'est le grand mouvement de la chimie moderne que nous avons ainsi, pendant une heure, vu s'exécuter devant nous. Et ce mouvement peut être comparé à celui de la lumière se diffusant elle-même sur un vaste espace plongé dans les ténèbres, à celui de l'ordre venant régner sur le désordre et la confusion; sa contemplation excite réellement en nous quelque chose du plaisir que fait naître un beau lever de soleil, du sentiment grandiose associé à la pensée d'un monde sortant du chaos.

Dans cette leçon, qui porte le cachet du maître et du maître éminent, M. Hofmann n'a pas prononcé une seule fois le mot *atomicité*, et cependant l'objet de sa leçon est bien l'atomicité, base convenue des idées théoriques actuelles. Il établit très-nettement que les molécules des corps simples ou composés ne sont pas douées au même degré de la force de combinaison ; que la manifestation tantôt simple, tantôt multiple de cette force donne lieu à différentes formes de composés ; que, dans ces composés, les molécules hétérogènes ou homogènes sont unies par une partie ou par la totalité des affinités qui résident en elles ; que cette affinité s'exerce non-seulement entre les atomes hétérogènes, mais encore entre les atomes de même nature. Ces énoncés semblent nouveaux, et l'on serait tenté de croire à une CHIMIE MODERNE. Mais, M. Wurtz, à qui nous les empruntons, l'a constaté avant nous, *la théorie de l'atomicité est l'expression rajeunie et développée de la loi des proportions multiples.* Cette conclusion nous enhardit à reproduire dans les quelques pages qui nous restent des notions de philosophie chimique que nous avons publiées il y a vingt ans dans l'*Encyclopédie du XIX*e *siècle* sous le titre : PROPORTIONS (chimie), t. XX, p. 524. Nous les rééditons sans prétention aucune : leur principale recommandation est peut-être leur date ; en 1846, les idées d'identité de la matière, d'équivalents mécaniques de la chaleur et de l'électricité n'étaient pas communes. Nous n'y avons rien changé, nous n'avons pas même adouci l'énergie de nos convictions, parce qu'elles n'ont nullement été ébranlées même par les conclusions impitoyables de M. Stas. On rira peut-être de notre entêtement, mais cette belle synthèse, dans laquelle on reconnaîtra les grandes idées de M. Dumas, notre maître, est si naturelle et si complète, qu'elle est nécessairement vraie.

F. MOIGNO.

PHILOSOPHIE CHIMIQUE

Wenzel, chimiste allemand publia, en 1777, un livre sur les affinités des corps; ayant trouvé que 590,9 de soude saturaient 501,16 d'acide sulfurique et 677,05 d'acide nitrique, il désigna sous le nom d'équivalents les quantités de divers acides qui saturent une même base, ou les quantités de diverses bases qui saturent un même poids d'acide. On n'a rien ajouté à cette conception de Wenzel.

En 1786, le docteur Bryan Higgins, dans ses expériences et observations relatives à l'acide acétique, l'air fixe et l'air inflammable dense, soutenait que les fluides élastiques ne s'unissent ou ne se combinent que dans des proportions définies; il affirmait que les particules des corps sont entourées d'une atmosphère de calorique qui détermine leur répulsion et les tient à distance; il distinguait nettement deux sortes de fluides élastiques : les uns simples, formés de particules d'une même espèce; les autres composés, résultant de la combinaison de deux ou plusieurs sortes de particules.

En 1798, Richter, chimiste prussien, composa ses essais de stochiométrie ou mathématique des éléments chimiques, dans lesquels, reprenant les recherches de Wenzel, il s'appliquait à déterminer la capacité de saturation de chaque acide ou de chaque base, et donnait, en nombre, dans ses tables, les poids des acides et des bases nécessaires pour constituer un sel neutre. Ce fut une brillante entreprise ; mais les nombres de Richter sont loin d'être suffisamment exacts.

Proust, chimiste français qui enseignait à Madrid, se signala, à son tour par une glorieuse tentative. Abordant le premier l'analyse rigoureuse des oxydes métalliques, il prouva que les métaux ne s'unissent avec l'oxygène qu'en proportions définies et multiples, que cette même loi s'étend aux combinaisons du soufre avec les métaux et que ces proportions définies sont facilement exprimables en nombres simples. Berthollet combattit vivement ces déductions ingénieuses, devenues aujourd'hui le principe fondamental de la philosophie chimique.

En 1803, Dalton, ébaucha, dans une séance de la Société littéraire et philosophique de Manchester, sa théorie de la composition des corps; l'année suivante, il développa son système entier dans une lettre adressée au docteur Thompson, et publia en 1808, le premier volume de son nouveau système de philosophie chimique, dans lequel il inséra une analyse de ses vues sur la constitution intime de la matière. Voici en quels termes il énonce le but de ses recherches.

« Dans les investigations chimiques, on a considéré comme un objet important la détermination des poids relatifs des substances élémentaires qui entrent dans une combinaison donnée. Malheureusement les recherches s'arrêtaient là ; on ne se demandait pas s'il était possible de déduire des poids relatifs des diverses substances composant la masse les poids des dernières parties ou atomes des corps simples ; de ces derniers poids cependant, on aurait conclu le nombre d'atomes qui seraient entrés dans chaque nouvelle combinaison ; les analyses ultérieures seraient plus faciles, et leurs résultats auraient été plus rigoureusement contrôlés. Le grand objet de mon ouvrage est de montrer combien il est important et avantageux de définir les poids relatifs des dernières particules des corps, tant simples que composés ; le nombre des particules simples qui entrent dans la formation d'une particule composée, le nombre, enfin, des particules composées qui font partie d'une combinaison plus complexe. » Dalton, on ne peut le nier, a été le premier chimiste qui ait posé nettement, dans toute son étendue, la théorie des proportions chimiques et des poids atomiques, et qui ait exprimé en nombre les poids des corps qu'il supposait simples. Il énonçait, en règle générale, que si l'on ne pouvait obtenir qu'une seule combinaison de deux corps, cette combinaison devait être regardée comme binaire, d'atome à atome, alors même que le contraire semblerait indiqué par divers phénomènes. Conformément à cette loi, Dalton regardait l'eau comme un composé binaire d'hydrogène et d'oxygène, dans lequel les poids relatifs des deux gaz sont comme 1 est à 8; et il affirmait en conséquence : 1° qu'un atome d'oxygène s'unit à un atome d'hydrogène pour former l'eau ; 2° que les poids de ces atomes sont relativement 1 et 8, ou 0,125 et 1. L'un et l'autre pouvaient à volonté être pris pour unité ; Dalton fixa son choix sur le poids de l'atome d'hydrogène, parce que c'est le corps qui s'unit aux autres dans la plus petite proportion : s'il ne s'était pas trompé, et si les poids relatifs des atomes d'hydrogène et de l'oxygène étaient réellement 1 et 8, partout où entrerait un atome d'hydrogène ou d'oxygène, on devrait trouver un poids égal à 1 ou à 8... L'illustre chimiste ajoutait prudemment qu'il est nécessaire, pour arriver avec certitude au véritable poids atomique et établir le nombre d'atomes qui entrent dans le composé, de considérer non-seulement les combinaisons du corps A avec le corps B, mais encore les combinaisons de A avec C, D, E, etc., ainsi que celles de B avec C, D, E, etc.

Ce fut seulement après l'apparition des beaux mémoires du célèbre Wollaston sur les sur-sels et les sous-sels, et la construction de son échelle synoptique des équivalents chimiques, que les chimistes commencèrent à comprendre l'immense utilité pratique de la théorie de Dalton. La description de l'échelle synoptique parut, en 1814, dans les *Transactions philosophiques* : cet instrument se compose essentiellement d'une échelle mobile portant des nombres, et telle que chacun de ces nombres peut venir successivement se placer vis-à-vis de chacune des substances rangées en série, à droite et à gauche, dans l'ordre de leurs équivalents. Avec cet excellent outil, on pouvait par une simple lecture reconnaître la composition des divers oxydes, acides et sels, et quelles quantités de substances sont nécessaires pour déterminer la formation ou la décomposition d'un produit donné.

La lecture de l'ouvrage de Richter détermina, en 1808, Berzélius à reprendre, sur de nouvelles bases, la détermination numérique des proportions suivant lesquelles les divers corps doivent s'unir pour se neutraliser mutuellement. Ces recherches sont appuyées d'une série d'analyses dont le nombre et l'exactitude ne seront jamais surpassés, et, comme conclusion de cet immense travail, l'illustre chimiste suédois énonce un certain nombre de lois relatives aux combinaisons chimiques; celles de ces lois dont l'exactitude a été confirmée sont réellement de simples corollaires de la théorie de Dalton.

En 1809, M. Gay-Lussac fut conduit à penser, par la considération du fait déjà constaté, que 100 volumes d'oxygène s'unissent à 200 volumes d'hydrogène pour former deux volumes d'eau, que tous les gaz s'unissent ainsi en proportions simples, ou que les volumes des gaz qui entrent dans une combinaison sont toujours dans un rapport simple. On a vérifié plus tard, que cette même loi s'étendait à la combinaison des vapeurs avec les gaz : ainsi 100 volumes d'hydrogène ou d'oxygène s'unissent à 100 volumes de vapeur de soufre ; 100 volumes d'hydrogène se combinent avec 100 volumes de vapeur d'iode. Cette découverte de la combinaison des corps gazeux en volumes égaux ou multiples a fait époque dans la science, en donnant une nouvelle extension à la loi des proportions définies; elle fit penser à plusieurs chimistes que des volumes égaux de substances gazeuses à la même température et sous la même pression, renferment un même nombre d'atomes, et que, par conséquent, la pesanteur spécifique des gaz ne dépend que de leur poids atomique ; de telle sorte que les mêmes nombres qui expriment la pesanteur spécifique indiqueraient aussi le poids de l'atome. On alla plus loin, on voulut que le volume gazeux de l'atome d'un corps non gazéifiable fût lui-même égal à 1 ; mais il arriva que plusieurs corps susceptibles d'être gazéfiés et dont on n'avait pas encore déterminé la densité à l'état de vapeur, donnèrent non pas un volume par atome, mais des multiples ou sous-multiples ; ainsi le soufre dont le poids atomique est 201, a pour densité, en vapeur, 603, ce qui ne fait qu'un volume pour 3 atomes ; le phosphore, dont le poids atomique est 196,14, ne donne qu'un demi-volume vapeur : le mercure, donne, au contraire, 2 volumes vapeur. L'hypothèse du volume atome n'est donc rien moins qu'établie par les faits. Tous les jours, cependant, on reproduit des arguments en sa faveur : les uns prétendent que si l'atome de soufre est égal à 1/3 de volume à l'état de vapeur, c'est parce que, à la température où il se vaporise, sa molécule se triple, de manière que, sous le même volume elle contient 3 fois plus de particules que si le soufre s'était volatilisé à la température ordinaire ; les autres soutiennent que cette hypothèse est en défaut parce qu'on a pris l'atome d'oxygène 3 fois trop grand : c'était le soufre qui devait être choisi pour unité, tous les atomes des corps simples, amenés à l'état gazeux pourraient être alors représentés par un volume de vapeur ou de gaz.

On a essayé, dans ces dernières années, d'arriver à déterminer les volumes relatifs des atomes, afin d'en déduire les lois qui régissent, quant aux volumes, les combinaisons liquides et solides. M. Dumas paraît avoir fait les premiers pas dans cette voie nouvelle, en remarquant la relation qui existe entre le poids atomique de certains corps et leur densité, en réunissant en 5 ou 6 tableaux, les corps dont la densité, divisée par le poids atomique, donnait le même nombre pour quotient. Il établissait de cette manière, que, pour obtenir un volume égal, il fallait 23 atomes de fer, de cobalt, de nickel, de cuivre, de manganèse ; 17 atomes de platine, de palladium, d'iridium, d'osmium, de chrome, de titane, de zinc, d'or et d'argent ; 7,7 atomes de bismuth et de tellure ; 8,7 atomes de plomb, de sélénium, de phosphore, etc. M. Hermann Kopp a donné à cette idée première, un développement remarquable. La considération de ce qu'il appelle le volume spécifique des corps, volume qu'il obtient en divisant le poids atomique par la densité, l'a conduit à plusieurs lois simples que nous énoncerons après avoir dit quelques mots des phénomènes remarquables de l'*isomorphisme*.

M. Gay-Lussac avait remarqué depuis longtemps que, dans l'alun, l'ammoniaque pouvait être substituée à la potasse, sans que cette substitution amenât aucun changement dans la figure des cristaux ; et qu'un cristal d'alun ammoniacal, placé dans une solution saturée d'alun à base de potasse continuait à croître, sans altération aucune des formes primitives. M. Mitscherlich a découvert, depuis, que les sels, et plus généralement les composés chimiques qui sont représentés par une même formule atomique, peuvent cristalliser ensemble, se mélanger en proportions quelconques dans les cristaux, sans que la forme fondamentale soit profondément modifiée; les angles différeront au plus d'un petit nombre de degrés. L'illustre chimiste de Berlin admet que les molécules des substances qui peuvent ainsi se remplacer, ont la même forme; que, par conséquent, l'une peut prendre la place de l'autre sans laisser aucun vide. Cette identité de forme et cette aptitude à la substitution se retrouvent dans des corps appartenant à des classes fort diverses ; des corps simples, des oxydes, des sulfures, des sels, des produits organiques en sont également doués. M. Mitscherlich a désigné cette curieuse propriété sous le nom d'*isomorphisme*, et il appelle *isomorphes*, les substances qui, cristallisant de la même manière, peuvent se substituer l'une à l'autre, sans que la forme du produit soit changée : pour lui, les substances isomorphes sont composées du même nombre d'atomes unis de la même manière. Revenons maintenant à M. Hermann Kopp. Il pose en règle générale que le volume atomique de tous les corps isomorphes simples ou composés, est le même, ou, ce qui revient au même, que le poids spécifique des corps isomorphes est proportionnelle à leur poids atomique; ou enfin, que les molécules des corps isomorphes sont non-seulement identiques quant à leur forme, mais encore quant à leurs dimensions.

Les poids atomiques ou les équivalents des corps simples, dont nous avons tant parlé déjà, et que l'on est parvenu à déterminer par diverses méthodes, sont-ils des nombres entièrement indépendants les uns des autres, ou sont-ils unis par un lien intime? C'est une grande et magnifique question. En 1815, le docteur anglais

Prout publia, dans le sixième volume des *Annales de philosophie*, un mémoire, sous ce titre : *Sur les rapports entre les poids spécifiques des corps à l'état gazeux et le poids de leurs atomes*, dans lequel il faisait remarquer que les poids atomiques des corps semblent être des multiples entiers du poids atomique de l'hydrogène. Il ajoutait que, en général, la pesanteur spécifique d'un corps à l'état gazeux s'obtient en multipliant son poids atomique par 0,5555, ou la demi-pesanteur spécifique de l'oxygène. Le docteur Thompson, adoptant pleinement les vues de Prout, affirme que chacune des substances qu'il a pu se procurer en quantité assez grande pour en faire l'analyse parfaite, n'était pas seulement, quant à son poids atomique, un multiple de celui de l'hydrogène; mais que, de plus, si l'on en excepte un petit nombre de composés, ces poids atomiques étaient un multiple de 0,25 ou de deux atomes d'hydrogène. En Angleterre, les conjectures de Prout ont été acceptées comme un fait incontestable : MM. Berzelius et Mitscherlich les repoussent; mais, dans ces derniers temps, M. Dumas s'y est rallié franchement. Il est certain qu'aussitôt qu'on parvient à dissiper les ténèbres qui nous cachent encore la véritable valeur de quelques poids atomiques, les nombres obtenus, et dont on ne peut plus douter, sont, bon gré mal gré, des multiples du poids atomique ou de la moitié du poids atomique de l'hydrogène. Nous avons, pour notre compte, la conviction intime que la loi de Prout est vraie; nous oserons même ajouter que ces multiples ne sont pas des multiples quelconques, mais des multiples exprimés par des nombres qui n'admettent pour facteurs que les nombres élémentaires : 2, 3, 5...; nous donnerons tout à l'heure plus de développement à notre pensée.

Il nous reste encore à parler, dans cet aperçu historique, des rapports qui existent entre les équivalents, ou poids atomiques et les fluides impondérables avec lesquels ils sont en relation, c'est-à-dire avec le calorique, l'électricité, etc. MM. Dulong et Petit ont déduit de leurs belles expériences sur la chaleur cette loi remarquable, que la capacité pour la chaleur de deux corps simples quelconques, pris en quantités proportionnelles à leurs équivalents ou à leurs poids atomiques, est dans tous les cas la même; ce que l'on peut encore énoncer, comme il suit : La chaleur spécifique des corps simples est en raison inverse de leur poids atomique; ou bien : Une même quantité de chaleur élèvera du même nombre de degrés la température d'une quantité de chaque substance simple, représentée par son poids atomique. Comme dans l'hypothèse assez universellement admise, le nombre de particules que renferment des poids égaux de deux substances, est en raison inverse du poids de ces particules, la loi ci-dessus énoncée pourra être vérifiée, en multipliant les capacités pour la chaleur, trouvées expérimentalement, par les poids atomiques correspondants. Si la loi est vraie, les produits des diverses multiplications seront sensiblement égaux, ou ne différeront les uns des autres que par des quantités comparables aux erreurs d'observation. C'est ce qui a lieu en effet; ne citons que deux exemples : la chaleur spécifique du soufre est 0,1880; son poids atomique est 16; le produit de ces deux nombre est 30,08 : la chaleur spécifique du plomb est 0,0293; son poids atomique, 104; le produit est 30,47, sensiblement égal à 30,08. La valeur moyenne du produit, déduite d'un grand nombre de multiplications semblables, est 30,18. Dès lors, quand on connaitra la chaleur spécifique d'un corps simple, il suffira de le diviser par le nombre 30,18, pour obtenir son poids atomique, comparé à celui de l'hydrogène et réciproquement. Il est, toutefois, essentiel d'observer que le poids atomique ainsi calculé sera quelquefois non le poids atomique déduit des analyses chimiques, mais un multiple ou un sous-multiple de ce dernier nombre. M. Newmann a trouvé, de son côté, que les atomes des corps composés d'une constitution analogue ont aussi la même capacité pour la chaleur : ainsi, pour les carbonates, le produit de la chaleur spécifique, par le poids atomique, est sensiblement égal à 106; ce même produit pour les sulfates ne diffère guère de 124 : cette fois, les poids atomiques calculés s'accordent parfaitement avec ceux que donnent les analyses chimiques.

Des recherches, déjà nombreuses et appuyées d'un grand nombre de faits, ont prouvé que, dans les diverses combinaisons de deux corps, ou dans la dissolution d'une substance par une autre en diverses proportions, les quantités de chaleur dégagées forment elles-mêmes des proportions définies et multiples : et il est probable, désormais, que les agents impondérables s'unissent aux atomes des corps, suivant les mêmes lois. Cette hypothèse serait presque le seul moyen d'expliquer comment deux substances, le tartrate et le paratartrate doubles de soude et d'ammoniaque, par exemple, qui, comme l'a prouvé M. Mitscherlich, ont la même composition chimique, la même forme cristalline, avec les mêmes angles, le même poids spécifique, le même poids atomique, etc., peuvent, cependant, différer quant à l'action qu'elles exercent sur un même agent, la lumière; de telle sorte que l'une fasse tourner le plan de polarisation, tandis que l'autre se montre complétement indifférente. Nous pensons que ces différences doivent être uniquement attribuées aux proportions inégales de fluide impondérable que ces substances renferment, c'est-à-dire aux quantités diverses de fluide éthéré qu'elles retiennent en combinaisons, et dont l'analyse chimique fait abstraction, parce que ce fluide échappe à ses réactifs et à ses balances. Remarquons que l'identité, constatée ici entre le tartrate et le paratartrate, est beaucoup plus que la simple *isomérie*, laquelle suppose simplement le même nombre d'éléments unis dans les mêmes proportions, avec des propriétés chimiques et physiques différentes : ce que l'on explique suffisamment par des états différents de condensation moléculaire.

La liaison intime que nous venons de voir exister entre les poids atomiques et la chaleur spécifique des corps se retrouve quand il s'agit d'électricité; les belles expériences de M. Faraday sur la quantité absolue d'électricité associée aux particules ou atomes des corps, prouvent que chaque quantité définie d'électricité dégagée ou transmise décompose une quantité également définie et constante d'eau ou de toute autre substance composée. L'illustre professeur en concluait que l'électricité qui décompose et celle qui est dégagée par la décomposition d'une même quantité de matières sont égales : il en résulterait encore que les équivalents ou poids atomiques des corps doivent être simplement les nombres qui représentent les poids des quantités définies de ces corps, qui renferment la même quantité d'électricité ou qui sont décomposés par une même quantité d'électricité. En un mot, 1° l'électricité spécifique des diverses substances serait en raison inverse de leur poids atomique; 2° une quantité d'électricité donnée séparerait de chaque combinaison une portion de la substance proportionnelle à son poids atomique.

Ainsi l'action de 32 parties de zinc dans la batterie voltaïque est apte à développer un courant qui devra décomposer 9 parties d'eau, en séparant une partie en poids d'hydrogène et 8 parties d'oxygène; ou, si l'on emploie une autre source d'électricité, le même courant produit par l'induction magnétique qui décomposera 9 parties d'eau, 1 d'hydrogène et 8 d'oxygène, décomposera en même temps 37 parties d'acide chlorhydrique et 1 d'hydrogène et 36 de chlore.

Maintenant qu'en suivant l'ordre chronologique nous avons analysé toutes les découvertes ayant eu pour objet les atomes des corps, leurs équivalents et les proportions suivant lesquelles ils se combinent, nous allons formuler nettement les lois telles qu'elles résultent de l'expérience, sans interprétation aucune. Nous développerons ensuite, en peu de mots, les idées théoriques, simples et incontestables, par lesquelles non-seulement elles s'expliquent, mais qui auraient dû les faire prévoir et établir *a priori*.

1re LOI. — *Loi de la conservation de la matière.* Le poids d'une substance composée est toujours la somme des poids des substances composantes.

2me LOI. — *Loi des proportions définies.* Les corps s'unissent ou dans une seule proportion ou du moins suivant un petit nombre de proportions déterminées. Si la quantité a du corps A s'unit chimiquement à la quantité b du corps B, quelles que soient les quantités des corps A et B qu'on mette en présence, elles s'uniront toujours dans le rapport de a à b. Les quantités excédantes des deux corps resteront non combinées, à moins qu'ils ne soient aptes à se combiner dans une nouvelle proportion pour donner naissance à un produit tout à fait différent du premier. C'est donc une loi, sans exception, qu'un corps composé quelconque, dans quelques circonstances qu'il se forme et quelle que soit la cause qui détermine la combinaison, renfermera toujours les mêmes proportions, soit en poids, soit en volume, de ses principes constituants.

3me LOI. — *Loi des proportions multiples*. Si le corps A s'unit au corps B dans plusieurs proportions ou rapports, ces rapports pourront dans tous les cas se déduire les uns des autres par de simples multiplications ou divisions dans lesquelles les multiplicateurs ou les diviseurs seront toujours de petits nombres entiers ; il résulte de là que si $a : b$ est le plus petit de ces deux rapports, chacun des autres sera de la forme $ma : nb$, m et n étant des nombres entiers, pris parmi les premiers chiffres 1,2,3,4,5.... de la série des nombres naturels. Il importe d'ailleurs d'observer que la loi des proportions multiples s'applique non-seulement aux poids des substances qui se combinent, mais aux volumes des gaz.

4me LOI. — *Loi des équivalents*. Supposons que le corps A s'unisse au corps B dans le rapport de a à b, et au corps C dans le rapport de a à c. Si les corps B et C s'unissent, ils s'uniront souvent dans le rapport de b à c, toujours dans le rapport de mb à nc, m et n étant deux petits nombres entiers : et deux corps se remplaceront ou se déplaceront l'un l'autre dans leurs combinaisons avec les autres corps, toujours de la même manière, c'est-à-dire dans la proportion suivant laquelle ils s'unissent entre eux. La loi des équivalents nous permet de substituer à chaque corps simple un nombre que les expériences ou les analyses peuvent seules faire connaître, et qui est proportionnel à la quantité de matière de ce corps qui entre dans ses combinaisons chimiques. Les nombres ainsi déterminés sont les *équivalents chimiques* ou les *poids atomiques*. L'équivalent d'un corps composé est toujours égal à la somme des équivalents de ses composants.

5me LOI. — *Loi des combinaisons composées*. Supposons que le corps A s'unisse séparément aux corps B et C dans les rapports $a : b$ et $a : c$; si la combinaison d'un composé de A et B avec C est possible, elle se fera dans le rapport $m\ (a + b) : nc$; de plus, si A s'unissant à B dans le rapport $a : b$, et C à D dans le rapport $c : d$, les composés AB et CD viennent à s'unir ensemble, la combinaison aura lieu dans le rapport de $m\ (a + b)$ à $n\ (c + d)$, m et n étant de petits nombres entiers.

Voilà les lois des proportions chimiques nettement formulées; sont-elles contingentes ou nécessaires? Pourraient-elles ne pas être ou sont-elles la conséquence forcée non-seulement d'une théorie plus ou moins fondée en raison, mais de la constitution même des corps? C'est à quoi nous allons répondre par un ensemble de considérations simples. Pour se bien faire comprendre, on doit d'abord définir clairement les mots dont on se sert. Il faut, avant tout, distinguer dans un corps quelconque ses particules, ses molécules, ses atomes. La particule est une petite partie du corps, de même nature que lui, solide, liquide, gazeuse; elle est encore essentiellement divisible, en sorte qu'on peut la considérer comme partagée en portions plus petites, sans destruction de la substance du corps auquel elle appartient; elle se compose de molécules placées à distance. La *molécule* est cette portion infiniment petite que l'on conçoit sans pouvoir l'atteindre ou l'isoler, que l'on ne peut plus diviser sans détruire la substance même du corps. Ainsi une molécule d'oxygène est ce dont on ne peut rien retrancher, même par la pensée, sans que l'oxygène cesse d'exister; ce qu'il faut ni plus ni moins pour constituer de l'oxygène. La molécule est essentiellement solide; elle est divisible, mais avec destruction de la substance du corps, comme nous venons de le dire; elle est simple ou composée suivant que le corps lui-même est simple ou composé.

On peut faire sur la constitution des corps deux hypothèses: dans la première, la matière serait une masse étendue et continue, c'est-à-dire formée de parties simplement virtuelles ou possibles, mais non de parties actuelles. On pourrait concevoir la matière divisée en petites parties ou petits solides qui différeraient par leur forme et leur grandeur; ce seraient les atomes ou les derniers éléments des corps simples. Les atomes unis en nombre plus ou moins grand, de telle ou telle manière, plus ou moins intimement, donneraient naissance aux molécules des corps; ces molécules seraient simples ou composées, suivant que les atomes qui entrent dans leur composition sont ou non de même forme et de même grandeur : plusieurs molécules réunies formeraient une particule, et l'agrégation des particules serait ce que nous appelons un corps. Dans la seconde hypothèse, les atomes des corps seraient non de petits solides continus avec étendue et forme, mais des éléments simples sans étendue et, par conséquent, sans forme ; des centres de forces attractives et répulsives. Un certain nombre d'atomes groupés de telle manière, en tétraèdre, octaèdre, etc., placés dans l'état normal à certaines distances, mais pouvant vibrer autour de leur position d'équilibre constitueraient la molécule et cette molécule aurait dans tous les cas, sa forme, son volume et son poids propre.

Une étude mathématique approfondie de ce fait capital, que tous les corps, quels que soient leur forme, leur volume, leur poids, tombent dans le vide avec la même vitesse, ne permet pas, ce nous semble, de douter que la seconde hypothèse est seule véritable et doit être seule admise. Il en résulte au moins ce fait capital que les derniers éléments ou atomes des corps sont identiques quant à la pesanteur, ou qu'ils ont ce que nous devons appeler le même poids : nous disons fait, qu'on le remarque bien, et non pas hypothèse.

Rien ne prouve rigoureusement aujourd'hui que ces mêmes atomes, ramenés pour nous à la nature de simples centres de force, identiques quant à la pesanteur, ne diffèrent pas les uns des autres sous le rapport des attractions ou répulsions qu'ils exercent.

L'ensemble de tous les faits de la chimie, et en particulier les phénomènes incontestables de l'isomorphisme, prouvent invinciblement, il nous semble, que les combinaisons chimiques se font de molécule à molécule et non d'atome à atome, que les molécules des corps composants sont réellement conservées dans leur nature et dans leur forme et non pas préalablement détruites.

Nous avons donc déjà conquis 3 données certaines : 1° la réalité de ce que nous avons appelé la molécule du corps ; 2° la permanence ou la non-destruction de cette molécule dans les combinaisons ; 3° l'identité, quant à la pesanteur, des derniers éléments ou atomes des corps. Or, toutes les lois énoncées sont des conséquences forcées et nécessaires de ces données.

1° Un même corps est celui qui est composé des mêmes éléments, disposés dans le même ordre, etc. ; de là, la loi *de la conservation de la matière et des proportions définies.*

2° Les molécules restant inaltérables dans la combinaison, il faut nécessairement que dans chaque combinaison, on retrouve une, deux, trois, etc., molécules de chacun des corps composants ; qu'est-ce autre chose que la *loi des proportions multiples.*

Les chiffres qui expriment les nombres de molécules simples qui entrent dans la molécule composée, seront nécessairement de petits nombres, précisément parce que la combinaison est un arrangement symétrique, une sorte de juxtaposition.

3° Si renonçant à des expressions mauvaises ou mal définies, on substitue au mot *équivalent,* souvent inacceptable puisque tous les corps ne se déplacent ou ne se remplacent pas dans les combinaisons ; au mot vicieux *poids atomique,* le mot simple *poids moléculaire,* qui a une signification précise, la loi des équivalents sera la simple expression d'un fait nécessaire. Partout, en effet, où un corps entrera en combinaison, il y entrera par une, deux, ou plusieurs de ses molécules, et par conséquent par une quantité égale en poids à une fois, deux fois, trois fois, etc., le poids de sa molécule, qui est seul son véritable équivalent. De même si un corps en déplace ou remplace un autre, il remplacera chacune des molécules de ce corps par une, deux, trois, de ses molécules, ou par un multiple entier de son équivalent. La loi des combinaisons composées découle non moins immédiatement des mêmes principes, et nous n'avons pas besoin de nous y arrêter. Arrivons à des conséquences plus inattendues et plus importantes.

4° Le poids de l'atome est immuable : donc, puisque chaque molécule est formée d'un nombre entier d'atomes, son poids sera un multiple entier d'un atome unique et déterminé ; dès lors, si on représente, par 1, le poids de l'atome primitif, les poids moléculaires de tous les corps simples ou composés seront exprimés par des nombres entiers : c'est précisément *la loi de Prout,* dans laquelle le poids moléculaire de l'hydrogène est remplacé par le poids de l'atome primitif.

L'étude réelle des combinaisons chimiques pouvait seule établir que les poids moléculaires, représentés nécessairement par des multiples d'un même atome, étaient de plus des multiples du poids moléculaire de l'hydrogène. Comme cette dernière substance est incomparablement légère et ne ressemble, sous le rapport de la densité, à aucun des autres corps de la nature, il était naturel d'admettre, *a priori*, que son poids moléculaire pouvait remplacer le poids de l'atome ; c'est ce qui a lieu effectivement. La loi de Prout est donc une loi de la nature, et c'est désormais une nécessité absolue que de ramener à la condition de multiples entiers les poids moléculaires de tous les corps : les analyses qui conduiraient à un résultat contraire doivent être rejetées, *a priori*, comme fausses, quel que soit d'ailleurs le degré de confiance qu'elles inspirent.

Nous voilà déjà bien loin ; mais, en prenant pour guides de nouvelles idées théoriques, nous pouvons pénétrer plus avant encore. Un vaste ensemble de faits, une magnifique synthèse que nous développerons au mot *harmonie*, nous amènent invinciblement à penser que dans la constitution intime des corps, comme dans la formation des sons de la gamme, les seuls nombres admissibles, les seuls qui soient véritablement dans la nature, sont les nombres 2, 3, 5,... Il faut dès lors nécessairement que les chiffres qui expriment les poids moléculaires des corps n'aient pour facteurs que l'un de ces nombres, 2, 3, 5... ; ces poids peuvent donc désormais être considérés comme déterminés et connus ; l'incertitude ne pourra exister que pour ceux des chimistes qui se refuseront à accepter une déduction analogique qu'une multitude de faits confirme. Personne ne doute aujourd'hui que 8, 16, 32 soient les poids moléculaires véritables de l'oxygène, du soufre, du phosphore ; que le poids moléculaire de l'argent ne soit 108 ; presque tous les doutes se sont évanouis pour la série du fluor, du chlore, du brome, etc., dont les poids moléculaires sont 18, 36, 72, etc. Or, tous ces nombres, 8, 16, 32, 108, 18, sont formés des seuls facteurs 2, 3, 5... C'est plus qu'il n'en faut, il nous semble, pour qu'on n'hésite pas à accepter une théorie qui épargnerait tant de tâtonnements et de temps perdu en vain, qui dissiperait tant de nuages, qui donnerait le dernier mot de tant de mystères, etc.

Si l'on admet les conclusions auxquelles nous sommes parvenus, nous n'aurons plus à interpréter et à démontrer que deux lois, celle de MM. Dulong et Petit et celle de Faraday. Pour rendre compte de la première, il faut partir de ce principe, trop méconnu, que les phénomènes de la chaleur sont le résultat d'un mouvement vibratoire, ou que la chaleur est produite essentiellement et primitivement par les vibrations des atomes des corps ou des atomes matériels; à ce point de vue, la loi de Dulong exprimerait que la quantité de chaleur qui communiquera le même mouvement vibratoire à un certain nombre d'atomes doit être proportionnelle à ce nombre d'atomes; quoi de plus naturel, et ne devait-on pas le prévoir *à priori* ?

Reste donc la loi de Faraday; voyons si nous serons aussi heureux; exposons d'abord nos idées sur l'électricité moléculaire. Chaque molécule matérielle comprend, outre ses atomes, une certaine quantité de fluide éthéré, qui peut constituer un excès ou un défaut, une sorte de trop-plein qui tend à se déverser ou à se répandre, ou une sorte de vide vers lequel le fluide voisin tend à se précipiter. Cet excès ou ce défaut constituent proprement ce que l'on appelle l'état électrique de la molécule; le trop-plein constitue l'état d'électricité positive; le vide, l'état d'électricité négative. Comme les molécules des corps sont incessamment plongées dans l'éther, il est impossible que leur état d'excès ou de défaut, de trop-plein ou de vide, ne soit pas bientôt dissimulé et qu'une sorte d'équilibre ne finisse par s'établir. Ampère expliquait parfaitement ce phénomène capital, dans l'hypothèse des deux fluides, en disant que toute molécule électro-positive s'entourait d'une atmosphère de fluide négatif, que toute molécule électro-négative se créait une atmosphère d'électricité positive; et que les électricités essentielles des molécules étaient ainsi dissimulées par leurs atmosphères. Cela posé, qu'arrive-t-il quand un corps est décomposé sous l'action de la pile? Une action physique ou chimique, le contact, par exemple, ou l'action de l'acide sur le zinc, a séparé les électricités et les a concentrées aux deux pôles positifs et négatifs; mais l'équilibre se rétablirait, le dégagement s'arrêterait, et le courant n'aurait plus lieu si le fluide ainsi accumulé ne trouvait pas d'écoulement; or, la décomposition chimique déterminée par l'électricité va précisément rendre cet écoulement possible. La molécule électro-négative, attirée au pôle positif, prendra une atmosphère d'électricité positive et se dégagera; la molécule électro-positive prendra de même une atmosphère d'électricité négative et l'emportera avec elle; les pôles, déchargés, se rechargeront sous l'action de la cause physique ou chimique sans cesse agissante; de nouvelles molécules emporteront de nouveau l'électricité accumulée, etc. Mais que résulte-t-il de ce mode d'action très-simple? Évidemment que la quantité d'électricité enlevée et par conséquent dégagée est proportionnelle au poids moléculaire de la substance décomposée; que l'électricité spécifique ou la quantité d'électricité nécessaire pour mettre en liberté une quantité d'une substance simple quelconque, représentée par son équivalent, doit être en raison inverse du poids moléculaire; que la quantité enlevée à la combinaison doit être proportionnelle à l'électricité dégagée; or, ce sont précisément les lois déduites par M. Faraday de ses belles et nombreuses expériences. Ici s'arrête notre tâche; nous avons raconté, formulé et expliqué les faits, en nous appuyant d'une théorie parfaitement vraisemblable, et qui n'est, en réalité, que l'expression pure et simple des phénomènes; nous ne pouvons rien faire de plus et de mieux. F. Moigno.

FIN

www.ingramcontent.com/pod-product-compliance
Lightning Source LLC
LaVergne TN
LVHW020043170826
845678LV00001B/404